KB123034

무섭지만 재밌어서 밤새 읽는
과학 이야기

KOWAKUTE NEMURENAKUNARU KAGAKU

Copyright ⓒ 2012 by Kaoru TAKEUCHI
Illustrations by Yumiko UTAGAWA
First published in Japan in 2012 by PHP Institute, Inc.
Korean translation copyright ⓒ 2014 by The Soup Publishing Co.
Korean translation rights arranged with PHP Institute, Inc.
through EntersKorea Co., Ltd.

이 책의 한국어판 저작권은 (주)엔터스코리아를 통해
일본의 PHP Institute, Inc.와 독점 계약한 도서출판 더숲에 있습니다.
신 저작권법에 의하여 한국 내에서 보호를 받는 저작물이므로
무단전재와 무단복제를 금합니다.

무섭지만 재밌어서 밤새읽는
과학이야기

다케우치 가오루 지음 | 김정환 옮김 | 정성헌 감수

더숲

과학이 무섭게 느껴진 시기는 대체 언제쯤이었을까?

초등학생 시절 잠자리에 누워 천장의 나뭇결을 바라보면서 '우주에는 지구와 똑같은 행성이 있고, 그 별에는 나와 똑같은 사람이 살고 있지 않을까?'라는 상상의 나래를 펴다 갑자기 무서워진 적이 있다. 또 중학생 때는 찰리 채플린(Charles Chaplin, 1889~1977)의 〈모던 타임스〉를 봤는데, 기계화된 세계에서 인간이 벨트 컨베이어의 속도를 따라잡지 못해 큰 소동이 벌어지고 기계가 억지로 칫솔질을 시키는 장면에 웃음을 터트리면서도 왠지 인간이 과학기술에 진 것 같아서 두려움을 느꼈던 기억이 난다.

이런 공포의 기원은 과학사를 거슬러 올라가면 알 수 있을지도 모른다. 갈릴레오 갈릴레이(Galileo Galilei, 1564~1642)와 같은 시대를 살았던 조르다노 브루노(Giordano Bruno, 1548~1600)는 "우주에는 지구 같은 천체가 무수히 많다"라고 주장했다는 이유로 종교재판에 회부되어 화형을 당했다. 또 산업혁명 직후에는 기계 도입으로 인한 실업과 임금 하락에 항의해 기계를 때려 부수는 '러다이트 운동'이 일어났다. 이 운동의 배경은 매우 복합적이지만, 과학기술에 대한 '소박한 공포' 또는 '혐오감'이 그 배경 중 하나임은 분명하다.

나는 과학과 기술이 가져다주는 편리함과 흥분을 사람들에게 전하는 일을 하는 사람으로서, 과학기술이 '양날의 칼'이라는 사실도 물론 자각하고 있다. 비행기는 편리하지만 추락하면 대형 참사로 이어진다. 컴퓨터나 스마트폰은 정보화 사회에 꼭 필요한 기기이지만 비싼 사용료와 눈의 피로, 불면증을 유발한다. 원자력 발전 덕분에 값싼 전력을 이용해온 일본은 후쿠시마 제1 원자력 발전소의 사고를 계기로 원자력이라는 존재를 다시 생각하기 시작했다.

이 책에서는 그런 과학의 '또 다른 얼굴'에 초점을 맞춰 무엇이 무서운지, 또 왜 무서운지를 다양한 주제와 함께 생각해보려

한다. 물론 두려움을 느끼는 것에는 개인차가 있으므로 '이게 뭐가 무섭다는 거야?' '이것보다 더 무서운 게 있어'라고 생각하는 독자도 있을지 모른다. 어디까지나 나의 기준에서 무서운 과학을 모은 것이니 흥미가 느껴지지 않는 주제는 건너뛰어도 무방하다. 여러분이 과학의 또 다른 얼굴을 알고 과학에 대해 다시 한 번 깊게 생각하는 기회가 되기를 바라며 이 책을 썼다.

이런, 시작부터 쓸데없이 무거운 주제를 꺼낸 것 같다. 일단 번거로운 이론은 제쳐놓고 도깨비 집에 들어가거나 공포 소설을 읽는 느낌으로 과학의 무서움을 접해보기 바란다.

그러면 지금부터 무서운 과학의 세계로 여러분을 안내하겠다.

2012년 3월 다케우치 가오루

  2014년 3월 17일 미국의 하버드-스미스소니언 천체물리연구
센터는 기자회견을 통해 빅뱅과 우주팽창이론을 증명해 줄 핵
심증거인 '중력파(gravitational waves)' 탐지에 성공했다고 발표했
다. "빅뱅 직후 극히 짧은 순간에 우주가 급속도로 팽창하면서
지금과 같은 균일한 우주가 형성됐다는 인플레이션 가설의 근
거를 발견했다"는 것이다. 이러한 결과는 '무서운' 것일까? 아니
면 '빛나는' 업적으로 남을, 대단한 연구 결과가 될 것인가?

  이 책의 '무섭다'라는 표현은 과학적 업적이나 결과를 해석하
는 과정에서 나온 단어로, 공포의 대상으로서의 무서움만을 뜻

하는 것은 아니다. 오싹한 공포가 주는 재미와, 전율을 느낄 만큼의 과학적 놀라움과 신기함을 모두 가리킨다. 어쩌면 그래서 더 쉽고 재미있게 읽을 수 있는 과학 교양서라 할 수 있다.

책에는 인간·질병·우주·지구·과학자 등과 관련된 무서운 이야기들과 재미로 밤새 읽을 수 있는 내용들로 가득 차 있다. 감수자인 나 역시 '우주와 관련된 무서운 이야기' 중에 실린 우주복을 입지 않고 우주 공간을 헤엄치면 어떻게 될까? 라는 내용을 보면서, 얼마 전 상연했던 영화 〈그래비티〉를 떠올리면서 스스로 그림을 그리기도 하며 재미있게 읽었다.

무서울 만치 놀랍고 무한한 세계, 과학. 이 책이 과학공부에 지친 청소년들에게 과학이 얼마나 흥미진진한 세계인가를 알려주고, 아이들이 좀더 쉽게 다가가고 그 재미에 한껏 빠질 수 있는 기회가 되기를 바란다.

감천중학교 수석교사/이학박사 정성헌

목
차

공포라는 감정은 소중하다

공포란 무엇일까?

공포라는 감정은 어디에서 오는 것일까? 이야기를 시작하기에 앞서 공포의 과학적인 메커니즘부터 살펴보자.

공포는 뇌의 편도체와 관련이 있다. 사실 뇌에서 어떤 메커니즘을 통해 공포라는 감정이 생겨나는지 그 자세한 경로는 아직 완전히 해명되지 못했다. 다만 공포를 느끼려면 편도체가 있어야 한다는 사실만큼은 분명하다. 편도체의 편도(扁桃)는 '아몬드'를 의미한다. 뇌에는 이렇게 아몬드 모양으로 생긴 편도체가 두 개 있는데, 동물 실험에서 생쥐의 편도체를 손상시켰더니 고양이를 전혀 무서워하지 않게 되었다고 한다. 요컨대 편도체가 기능을 상실하면 공포를 느끼지 못한다는 뜻이다.

한편 인간의 경우는 인체를 대상으로 편도체를 손상시키는 실험을 할 수 없으므로 병에 걸린 환자의 사례가 매우 중요하게 다루어질 수밖에 없다. 이와 관련해 유명한 사례로 2010년 12월 당시 44세였던 여성 환자 S씨를 들 수 있다. 이 여성은 양쪽의 편도체가 손상되는 우르바흐-비테 증후군(Urbach-Wiethe disease)이라는 매우 희귀한 유전병을 앓고 있는데, 실험 결과 사람이 겁에 질린 얼굴, 즉 공포에 떠는 표정을 봐도 상대가 겁에 질렸는지 알지 못했다고 한다. 그래서 연구진은 한 발 더 나아가 '뱀이나 거미 보기', '공포 영화 보기', '도깨비 집에 들어가기', '과거의 트라우마 회상하기' 같은 상황을 체험시키고 얼마나 공포를 느꼈는지 물어보기로 했다. "지금 얼마나 무섭습니까?"라고 묻는 단말기를 3개월 동안 휴대하게 하고 불규칙적으로 공포 상태를 묻는 실험이었다. 그런데 그 여성은 뱀이나 거미를 싫어함에도 애완동물 판매점에 가자 뱀과 거미를 직접 만져봤다. 공포라는 개념이 없기 때문에 호기심을 이기지 못한 것이다.

사람에게는 모험심 또는 호기심이 있어서 미지의 대상을 접하면 정체를 알고 싶어하지만, 한편으로는 만에 하나 그 대상이 자신을 공격하면 죽을지도 모른다는 공포심이 발동한다. 그리고 이러한 공포심과 호기심이 항상 균형을 이룬다.

생후 6개월 된 우리 아이가 고양이를 만지는 모습을 지켜보고 있으면 참으로 재미있다. 처음에는 공포심이 없으니까 다짜고짜 다가가서 털을 꾹 움켜쥐었다. 그러자 고양이가 화를 내며 아이를 앞발로 때렸다. 그랬더니 다음에는 고양이에게 다가가서 만지려고 손을 뻗으려다 갑자기 손을 뒤로 뺐다. 손을 뒤로 뺀 이유는 공포에 가까운 감정이 솟아났기 때문이리라. 요컨대 유아의 심리도 '복슬복슬한 털을 잡아보고 싶다는 '호기심'과 그랬다가는 발톱으로 공격을 당한다는 '공포심'이 균형을 이루는 방향으로 발달한다는 얘기다.

공포증은 생존에 반드시 필요한 자질

S씨의 경우는 '공포'라는 심리가 없기 때문에 호기심이 제어되지 않는다. 그 여성은 절대 PTSD(외상 후 스트레스 장애)에 걸리지 않을 것이다. 위험한 상황을 인식하지 못해 다치거나 위험에 빠지곤 하지만, 애초에 공포를 느낀 기억이 없으니 PTSD에 걸릴 일이 없는 셈이다.

그 여성은 약물 중독으로 보이는 남성에게 칼로 위협을 당한 적이 있었는데, 그때도 공포를 느끼지 않았다. 당시 그녀는 때마침 근처 교회에서 성가대의 노랫소리가 들리자 "나를 죽이면 천사가 가만있지 않을 거예요!"라고 소리쳤다. 이에 그 남성은 여성이 전혀 칼을 무서워하지 않는데다 알 수 없는 말까지 하자 당황해하며 도망쳤다고 한다. 생명을 잃을 위기에 처했는데도 공포가 없으니 도망치지 않았던 것이다. 이때는 운 좋게도 남성이 오히려 당황해서 도망을 쳤지만, 만약 그러지 않았다면 목숨을 잃을 뻔했다.

이렇게 생각하면 공포가 인류가 진화하는 데 반드시 필요한 감정임을 알 수 있다. 요컨대 공포를 느끼지 않는 사람은 죽을 확률이 높다. 공포를 느끼면 움츠러들거나 숨거나 도망친다. 안 그러면 그대로 위험을 향해 달려들다 잡아먹히거나 목숨을 잃어 자손을 남기지 못한다. 따라서 공포를 확실히 느끼는 사람일수록 생존 기회가 많았다.

다만 현대 사회에서는 '겁이 많은 사람은 성공하지 못하는' 기묘한 일이 벌어지고 있다. 원래 낯선 사람들 앞에서 이야기하는 것은 두려운 법이다. 일면식도 없는 사람들이 잔뜩 모여 있는 곳에서는 그들이 전부 적일 가능성도 없지 않고, 붙잡혀서 노예가 되거나 목숨을 잃을지도 모른다. 그러므로 사람들 앞에서 큰 소리로 이야기하는 것은 큰 위험을 불러올 수도 있는 행동이다. 그러나 지금은 사람들 앞에서 태연하게 이야기할 수 있는 사람이 아니면 리더가 되지 못한다. 실제로 정치가들을 보면 많은 사람들 앞에서도 거리낌 없이 말을 잘한다. 말을 해도 (일부 국가를 제외하면) 암살당하거나 생명의 위협을 느끼지 않는 까닭에 그렇게 당당하게 말할 수 있는 것이리라.

고소 공포증도 마찬가지다. 인류의 선조는 아마도 어느 시기까지 나무 위에서 생활했는데, 너무 높이 올라가면 떨어졌을 때 죽을 확률이 높다. 그러므로 높은 곳에 가고 싶지 않은 것은 당연한 반응이다. 고소 공포증 역시 생존을 위해 필요한 자질인 것이다. 그러나 현재는 부자일수록 고층 아파트에 살며, 유원지에서도 높은 곳에서 떨어지는 롤러코스터를 타고 논다. 이렇듯 고소 공포증도 현대 사회에서 도시 생활을 하는 사람에게는 그다지 이익이 되는 자질이 아니게 되었다.

공포증이 마이너스로 작용하는 현대 사회

폐소 공포증과 광장 공포증이라는 것이 있다. 폐소 공포증은 매우 좁은 곳으로 몰리면 도망칠 수 없어 잡아먹히거나 위험을 당할 거라는 두려움을 느끼는 심리를 말한다. 이는 사냥감이 되어 쫓길 때 막다른 골목으로 들어가면 안 된다는 생존 규칙에서 나온 것으로 생존에 필요한 자질이다. 또 반대로 사바나 같은 탁트인 넓은 공간 한가운데 우두커니 서 있으면 맹수의 눈에 금방 띌 뿐만 아니라 쉽게 잡아먹힐 수 있다는 두려움을 느끼는 심리가 광장 공포증이다. 극단적인 상황은 목숨을 잃을 위험이 높다는 것을 의미한다. 이렇게 생각하면 '○○공포증'은 인류가 고생하면서 터득해온 생존 전략이라고 할 수 있다.

또 거대 공포증이라는 것도 있다. 쉽게 말해 거대한 물체를 두려워하는 심리다. 공룡이 지구를 지배하던 시대, 우리 포유류의 선조는 몸집을 줄이고 야행성이 되어 거대한 공룡의 눈을 피했다. 이렇게 되면 당연히 거대한 것에 대한 공포심이 생겨도 이상하지 않을 것이다. 〈고질라〉 등의 영화에 등장하는 괴수도 인간보다 훨씬 큰데, 이것은 인간의 잠재적인 공포심을 표현한 것이라고 할 수 있다.

뾰족한 것을 무서워하는 선단 공포증도 있다. 이것은 뾰족하거나 날카로운 물건이 가까이 있으면 다칠 우려가 있기 때문에 위험을 피한다는 의미에서 본능적인 심리다. 앨프리드 히치콕(Alfred Hitchcock, 1899~1980) 감독의 영화 〈사이코〉에서도 주인공 노먼 베이츠(앤서니 홉킨스 분)가 칼로 여성을 마구 찌르는 장면이 나온다. 찌르는 곳이 직접 보이지는 않지만, 관객은 여성이 찔리는 모습을 상상하며 피가 흐르는 장면을 보고 공포를 느낀다. 흑백 영화이기에 오히려 공포가 더 증폭되었는지도 모른다. 이 영화도 인간의 선단 공포증을 효과적으로 이용했다고 할 수 있다.

한편 물 공포증도 있는데, 물은 정말로 위험하다. 여름철 물놀이 사고나 안전사고로 물에 빠져 죽은 사람의 수가 교통사고 사망자에 못지않다. 뉴스에 종종 나오지만, 강이 범람해 경보가 울리는 상황인데도 구경을 나왔다가 목숨을 잃은 사람도 있다. 이것은 물이 얼마나 무서운지 잘 몰라서, 즉 물에 대한 공포심이 부족해서 일어나는 참사다. 생존을 위해서는 역시 물을 두려워하는 심리가 필요하다.

이와 같이 공포는 우리가 살기 위해 필요한 감정이다. 다만 현대 사회는 아무래도 안전이 거의 철저하게 보장되어 있어서인지 겁이 많은 사람은 성공하기 힘들다는 기묘한 상황이 벌어지고 있다. 많은 사람들 앞에서 이야기하는 위험한 행동을 아무렇지도 않게 하는 방송인 같은 사람이 큰돈을 벌 수 있는 사회가 된 것이다. 이런 사회에서는 공포심이 마이너스로 작용한다. 매우 흥미로운 상황이라고 할 수 있다.

배고픔을 견디는 능력이 오히려 비만을 초래한다

비만도 공포와 비슷한 상황에서 기인한 것이다. 인간의 몸은 진화 과정에서 배고픔에 강해지도록 적응했다. 즉 굶어 죽는 사람이 많았기 때문에 배고픔을 견뎌내기 위해 지방을 몸에 축적하게 되었다. 늘 먹을 것이 있으리라는 보장이 없으므로 먹은 음식을 지방의 형태로 몸에 축적해 식량이 없을 때도 살아남을 확률을 높인 것이다.

그런데 오늘날은 먹을 것이 없어 곤란을 당하는 경우는 거의 찾아볼 수 없다(빈곤한 몇몇 나라를 제외하면). 말하자면 '포식'의 시대다. 그렇게 되자 과거에는 생존을 위해 필요했던 몸속의 지방이 잉여물이 되어 당뇨병, 비만 등을 일으키고 있다. 영양을 축적하는 능력이 오히려 인간에게 악영향을 끼치게 된 것이다.

과거에는 환경에 적응한 결과이자 생존에 유리하게 작용했던 자질이 현대 사회에서는 반대로 생존에 불리하게 작용하고 있다. 요컨대 공포와 비만은 인류가 수만 년, 수십만 년에 걸쳐 진화하고 적응하며 최적화시켰던 신체가 최근 수백 년 사이에 일어난 인류 사회의 극적인 변화를 따라잡지 못해 나타나는 현상이다.

만약 이 '문명사회'가 수십만 년 동안 계속되다가 어느 시기에 갑자기 예전으로 되돌아간다면 커다란 혼란이 일어날 것이다. 그때까지 전혀 각광받지 못하던 사람들이 살아남고, 반대로 그때까지는 행복한 인생을 살던 유형의 사람들이 전멸할지도 모른다.

자, 이제 공포의 과학적·진화론적 근거를 알았으니 지금부터 무서운 과학의 세계로 여행을 떠나보자.

Part 1

인간과 관련된
무서운 과학 이야기

HUMANS

기억을 어디까지 믿을 수 있을까

우리는 기억을 확실한 것으로 생각한다. 자신이 선명하게 기억하고 있는 내용이 '거짓'일 수 있다고는 꿈에도 생각하지 않을 것이다. 누구나 자신은 생생한 현실을 있는 그대로 기억에 각인시킨다고 믿는다. 그러나 사실 기억은 매우 불안정하다. 여러분의 기억 중 대부분은 나중에 '덧씌워진' 것이다. 그런 기억의 불안정성을 만천하에 드러낸 유명한 사건을 몇 가지 소개하겠다.

첫째는 1990년에 캘리포니아에 사는 조지 프랭클린(George

Franklin)이라는 은퇴한 소방관이 휘말린 사건이다. 프랭클린은 1969년에 수전 네이슨(Susan Nason)이라는 8세 소녀가 살해된 사건의 범인으로 고발되었는데, 그를 고발한 사람은 다름 아닌 친딸 에일린(Eileen)이었다. 어느 날 갑자기 "저희 아버지가 20년 전에 살인을 저질렀어요. 전 분명히 그 현장을 목격했지만 두려움에 질린 나머지 잊고 있었는데, 그 봉인되었던 기억이 20년 만에 되살아났어요"라고 말한 것이다. 조지 프랭클린은 6년 동안 교도소에서 복역하다 1996년에 석방되었다.

처음에 법원은 관계자나 경찰밖에 모르는 사실이 포함되어 있다며 딸인 에일린의 증언을 '사실'로 인정했다. 그런데 그후 여러 학자가 조사한 결과 에일린이 이야기한 상황은 전부 신문기사 등을 읽으면 알 수 있는 것들이었다. 이른바 범인밖에 모르는 상황, 목격자가 아니면 알 수 없는 정보는 없었다. 그리고 결정적인 증거는 어느 신문의 오보였다. 에일린의 증언에 그 오보가 포함되어 있었던 것이다.

그렇다면 도대체 왜 친딸이 아버지에게 누명을 씌운 것일까? 그 배경에는 바로 '거짓 기억'이 있었다. 당시 에일린은 최면 요법을 받고 있었다. 이른바 '퇴행 최면'이라는 것으로, 최면을 통해 어렸을 때로 돌아가 당시 무슨 일이 있었는지를 세라피스트(심리 치료사)에게 이야기함으로써 과거의 상처를 치유하는 치료 요법이다. 에일린의 기억은 과거의 실제 기억이 떠오른 것이 아니라 세라피스트의 유도(의도적은 아니었다고 하지만)를 통해 심어진 것이었다. 세라피스트에게 악의가 있었던 것은 아니지만, 결과적으로 에일린에게 거짓 기억을 심어서 자신이 살인 사건을 목격했다고 믿게 만들었다.

이 사건의 재판은 물증이 전혀 없이 증언만으로 진행되었는데, 딸의 거짓 기억 때문에 6년 동안이나 옥살이를 한 조지 프랭클린의 괴로움은 상상하기도 어려울 만큼 컸을 것이다.

정신적 외상이 기억을 봉인한다?

1980년대에 미국에서는 "어느 날 갑자기 어렸을 때 아버지에게 성적 학대를 당한 기억이 되살아났다!"라는 사건이 빈발했다. 그 결과 유죄를 선고받고 교도소에 간 사람도 많았다. 당시 많은 사람들이 '인간은 정신적 외상(트라우마)을 받은 기억, 충격적인 기억을 지워버린다'라는 근거 없는 가설을 믿었기 때문이다. 이런 기억의 봉인은 드라마나 영화 등에서도 종종 나오는 설정인데, 사실 그런 일은 일어나지 않는다는 것이 전문가들의 일치된 견해다.

트라우마는 없어지기는커녕 오히려 끊임없이 떠오르게 되어 있다. 불쾌한 일이기에 자꾸 떠올리다 보면 기억에 정착된다. 기억상실 등을 제외하면 트라우마를 잊는 일은 있을 수 없으며, 그처럼 기억이 봉인됨을 실증한 사람도 없다. 현재는 인지 심리학 분야의 권위자인 엘리자베스 로프터스(Elizabeth F. Loftus) 교수가 이런 무고 사건의 증인이 되어 트라우마가 기억을 지워버린다는 주장을 부정하고 '거짓 기억'이 각인될 때가 있음을 증언하고 있다. 로프터스 교수는 이런 무고 사건의 구세주 같은 존재라고 할 수 있다.

로프터스 교수는 다음과 같은 실험을 실시했다. 성인 24명에게 4~6세 때 무슨 일이 있었는지 떠올리게 하는 실험이었다. 피실험자는 사전에 친척 등에게 자신이 어렸을 때 있었던 일을 네 가지만 가르쳐달라고 부탁해 미리 이야기를 들은 다음에 옛날에 있었던 일을 떠올렸다. 그런데 사실 그 네 가지 추억 중에는 거짓 추억이 하나 섞여 있었다. 실험자는 친척들에게 쇼핑몰에서 미아가 된 적이 있다는 거짓 사건을 가르쳐주게 한 것이다. 게다가 신빙성을 더하기 위해 당시 살던 곳 근처에 있는 쇼핑몰 등 미아가 되었을 가능성이 있는 장소를 무대로 상황을 그럴듯하게 꾸며댔다.

그랬더니 24명 중 5명이 쇼핑몰에서 미아가 되었다는 존재하지도 않은 기억을 상세하게 이야기했다고 한다. 그 5명은 의도적으로 거짓말을 한 것이 아니라 텔레비전 등에서 본 미아의 영상을 짜깁기해 이야기를 구성하고 그것을 사실이라고 믿었다. 정말 있었던 일과 그렇지 않은 일을 구별하지 못한 것이다.

그후 많은 심리학자가 대규모 연구를 진행한 결과, 사람의 50퍼센트 정도는 '거짓 기억'을 만들어내는 경향이 있음이 밝혀졌다. 기억은 변용되고 덧씌워지며 착각을 일으키게 마련이라는 얘기다.

최면 요법이 불러온 거짓 기억

최면 요법은 거짓 기억을 각인시키는 가장 흔한 사례다. 심리적인 문제나 정신 장애 등으로 고민하다 세라피스트를 찾아가는 것이 발단이다. '최면 상태에서 과거의 일을 떠올리는' 치료 과정에서 거짓 기억을 갖게 되는 사람이 자주 나타났다.

왜 거짓 기억이 가령 부모에게 학대를 받은 형태를 띠는지는 알려져 있지 않다. 다만 세라피스트에게 치료를 받았다는 데서 알 수 있듯이 애초에 정신 발달 단계에서 정신적 외상이 있었던 사람이 많으며, 그런 사람들이 그 원인을 부모에게 전가한 것인지도 모른다. 왜 이런 정신 상태가 되었는지 고민하는 사이에 어느 날 갑자기 부모의 학대라는 거짓 기억이 만들어졌다고 설명하면 앞뒤가 딱 들어맞을지도 모르겠다.

이어서 폴 잉그럼(Paul Ingram)의 사례를 소개하겠다. 경찰관이었던 폴 잉그럼은 1988년에 두 딸에게 성폭행을 가했다는 죄목으로 기소되었다. 이 딸들도 최면 요법을 받았다. 그런데 이 사건의 무서운 점은, 처음에는 무죄를 주장하던 폴 잉그럼 자신의 태도가 서서히 변하더니 나중에는 범행을 자백하기 시작했다는 사실이다. 그것도 자신의 딸들을 성폭행했을 뿐만 아니라 아이들을 학대하고 악마 신앙 의식에도 참가했다고 증언했다. 또 악마 신앙 의식에서 갓난아기 25명을 제물로 바쳤다고 고백해 미국 전역을 발칵 뒤집어놓았다. 이 자백이 결정타가 되어 잉그럼은 2003년까지 복역했다.

이 사례도 물증은 전혀 없었다. 아이들의 증언만을 가지고 재판이 진행되었다. 그런데 리처드 오프시(Richard Ofshe)라는 심리학자가 이 재판의 최종 단계에서 폴 잉그럼을 조사하다 뭔가 석연치 않음을 느꼈다. 잉그럼의 기억이 거짓이 아닐까 하는 생각이 든 것이다. 심리학자는 곧 의문을 밝힐 실험에 들어갔고, 마침내 폴 잉그럼이 처음에는 부정하다 나중에는 자신이 범행을 저지른 것으로 거짓 기억을 자백했음이 드러났다.

폴 잉그럼의 거짓 기억에는 그가 사는 워싱턴 주 서스턴 카운티의 지역적인 사정도 영향을 미친 것으로 파악됐다.

이 시골마을은 교회 등을 포함해 매우 권위적인 분위기였고 그는 이 마을에서 공화당의 지역구 회장을 맡고 있었다. 나름대로 지위가 있는 사람이지만 이런 권위적인 분위기 탓에 그에게는 상부에서 무엇인가를 지시하면 "맞습니다"라고 반응하는 심리가 은연중에 배어 있었다. 요컨대 폴 잉그럼은 거짓 기억이 만들어지기 쉬운 심리를 가진 사람이었고 아이들은 최면 요법을 받고 있었다. 이 두 가지 사실이 복합적으로 작용한 결과 이런 무고 사건이 만들어졌던 것이다.

이런 종류의 무고 사건에는 한 가지 패턴이 존재한다. 즉 세라피스트와의 공동 작업으로 아이들에게 거짓 기억이 심어진다, 세라피스트가 고발해 사건이 드러난다, 어른들은 '아이들은 정직하다'고 믿는다, 재판에서도 이것이 통용된다. 이처럼 근거 없는 믿음의 연쇄가 무고한 희생자를 만들어낸 것이다.

최신 거짓말 탐지기는 믿을 만한가

기억의 예에서 살펴봤듯이 재판에서 채용하는 과학적 사실은 아직 우리가 알지 못하는 부분도 많기 때문에 피해자를 만드는 경우가 있다. 과거의 DNA 감정도 무고한 피해자를 많이 만들어냈는데, 어느 단계에서 과학기술을 법률의 근거로 도입할지는 판단하기가 매우 어렵다.

과학은 장인의 기술 같은 측면이 있다. 높은 기술의 소유자가 어떤 실험에 성공한다 해도 그것은 풍부한 지식과 최신 기기가 있었기에 가능했던 일이다. 그 성과가 평범한 현역 경찰관도 쉽게 사용할 수 있는, 간이 마약검사 키트 같은 일반적인 기술로 발전하기까지는 긴 시간이 필요하다. 그런데 경찰이나 검찰은 물적 증거로 채용할 수단을 넓히고자 최신 과학기술을 하루라도 빨리 도입하고 싶어한다. 그 자체는 결코 나쁜 일이 아니다. 비과학적인 수사보다는 최신 과학을 이용한 수사가 더 낫다. 다만 DNA 감정처럼 과학을 지나치게 믿으면 문제가 된다. 국민도 "DNA 감정 결과 유죄다"라는 말을 들으면 자기도 모르게 수긍할 것이다. 최신 과학이라는 이름 아래 사람을 유죄로 판결하는 것은 항상 억울한 희생자를 만들어낼 위험을 수반한다는 사실을 잊지 말아야 한다.

최근 TV에 자주 등장하는 거짓말 탐지기도 과학 수사의 대명사가 되었다. 얼마 전에는 MRI를 이용하는 거짓말 탐지기가 선을 보였는데, 그 원리는 인간의 뇌 속에서 어떻게 혈액이 흐르고 어떤 부분이 반응했는지를 보면 참말인지 거짓말인지 판정할수 있다는 논리에 근거를 둔 것이다. 하지만 MRI를 이용하는 방법은 아직 발전 단계에 있다.

일반적인 거짓말 탐지기와 MRI 방식의 거짓말 탐지기를 비교 실험한 결과, 일반적인 거짓말 탐지기는 거의 확실히 거짓말을 간파하는 데 성공했지만 뇌를 직접 살펴보는 최신식 MRI 거짓말 탐지기는 아직 (일반적인 거짓말 탐지기에 걸린) 사람에게 속을 때가 있다고 한다. 물론 장기적으로는 MRI를 이용한 거짓말 탐지기의 정확도가 높아질 것이다. 현재의 거짓말 탐지기는 피부에 묻은 땀이나 신체의 전압 차이 같은 것을 종합적으로 파악하는데, 결국 거짓말을 하는 것은 뇌다. 그러므로 뇌의 반응을 철저히 조사하면 언젠가는 그 사람이 한 말이 거짓인지 아닌지를 알 수 있게 될 것이다. 다만 현재는 뇌 과학의 여명기이기 때문에 거짓말을 할 때와 참말을 할 때 뇌가 어떻게 움직이는지를 명확히 알지는 못한다. 그래서 최신 뇌 과학을 동원해 만든 거짓말 탐지기임에도 정확도가 떨어지는 것이다. 잠재력은 있으므로 장기적으로는 정확도가 상당히 높아질 것으로 예상된다.

과학에는 한계가 있다. 하루가 다르게 진보하고는 있지만 틀릴 때도 있고 잘못된 방향으로 갈 때도 있다. 그러므로 '과학'이라는 단어가 들어갔다고 해서 무작정 신봉해서는 안 된다. 과학에 대한 맹신이야말로 무엇보다도 무서운 것임을 알아야 한다.

자신의 행동은 이미 결정되어 있다

'우리는 매일 스스로 판단하고 생각하며 살고 있다.' 여러분은 아무런 의심도 없이 이렇게 생각하며 생활하고 있을 것이다. 그런데 인간은 정말 매사를 자신의 선택으로 결정하고 그에 따라 행동하고 있을까? 이것을 철학 용어로 '자유 의지'라고 하는데, 이와 관련해 깊이 생각해볼 만한 유명한 실험이 있다. 1980년대에 실시된 벤저민 리벳(Benjamin Libet, 1916~2007)의 실험이다.

벤저민은 피실험자에게 손목을 구부리게 하고 이때 뇌가 어떤 활동을 하는지 관찰했는데, 손목을 구부릴 때 '준비 전위'라는 것이 관찰되었다. 준비 전위는 몸이 움직일 때 그에 앞서 일어나는 뇌의 활동이다. 요컨대 언제 손목을 구부리려고 생각했는지 알 수 있다는 말이다. 리벳은 먼저 준비 전위가 발생한 시간을 기록했다. 다음에는 피실험자 본인에게 언제 손목을 움직이려고 생각했는지를 확인해 그 시간을 기록했다. 그 결과 의식적으로 손목을 움직이려고 생각하기 3분의 1초 전에 준비 전위가 발생했음을 알아냈다.

즉, 이런 말이다. 여러분은 자신이 원할 때 손목을 구부려도 된다는 말을 듣는다. 그래서 "네"라고 말하고 손목을 구부릴 의지를 보인다. 그러나 뇌파를 보면 자신이 손목을 구부리려고 생각했을 때, 즉 "네"라고 의사 표시를 하기 3분의 1초 전에 준비 전위가 발생한다. 자신이 손목을 구부리려고 마음을 먹기 전에 이미 잠재의식 속에서 손목을 구부리기로 결정했다는 말이다.

하버드 의과대학의 신경학자인 알바로 파스쿠알 레오네(Alvaro Pascual-Leone)도 비슷한 실험을 했다. 그는 피실험자에게 "오른손을 움직일지 왼손을 움직일지 임의로 선택하십시오. 어느 쪽이든 좋으니 마음대로 손을 움직이기 바랍니다"라고 말했다. 그러나 말은 이렇게 하면서도 실제로는 뇌에 자력(磁力)을 가해 우반구 또는 좌반구 중 한쪽을 자극했다. 일반적으로 오른손잡이인 사람은 약 60퍼센트의 확률로 오른손을 움직이는데, 우뇌를 자기장으로 자극하자 80퍼센트가 왼손을 움직였다고 한다. 왼손을 지배하는 우뇌가 자극을 받자 자기도 모르는 사이에 왼손을 움직인 것이다.

그러나 피실험자는 자신의 자유 의지로 어떤 손을 움직일지 선택했다고 생각했다. 즉, 자신이 조종당했다는 사실을 전혀 눈치 채지 못했다.

전자파로 사람의 행동을 조종할 수 있다?

다른 사람의 뇌를 전자파로 자극해 조종할 수 있다는 말은 휴대전화에 그런 장치를 심으면 특정 가게에 들어가게 하거나 상품을 사게 하는 등 사람의 행동을 어느 정도 조종할 수 있을지도 모른다는 뜻이다. 매우 무시무시한 이야기가 아닌가?

뇌 과학의 발달로 우리는 자유 의지가 발생하기 전에 자신의 의지나 행동이 이미 결정되어 있음을 알았다. 즉, 뇌를 완전히 모니터링하면 그 사람이 어떤 행동을 할지 사전에 알 수 있다는 말이다. 또 전자파 등으로 자극하면 본인도 모르는 사이에 행동이나 선택에 영향을 끼칠 수 있다.

왠지 불쾌하고 무서운 느낌이 드는 이야기다. '미치광이 과학자', 즉 매드 사이언티스트에게 악용되지 않기를 기도하자.

쥐와 공포를 연결시킨 실험

존 왓슨(John Broadus Watson)이라는 심리학자가 무서운 실험을 했다. 생후 11개월 된 앨버트라는 아기에게 '공포 조건화' 실험을 한 것이다. 그는 앨버트에게 흰 쥐를 보여줬다. 그리고 앨버트가 쥐를 만지려고 하면 뒤에서 강철 막대를 망치로 두드려 큰 소리를 냄으로써 앨버트를 깜짝 놀라게 했다. 실험 전만 해도 앨버트는 쥐를 무서워하지 않았지만, 실험 후에는 쥐뿐만 아니라 토끼나 모피 코트, 털이 난 생물 등에 공포를 느끼게 되었다.

왓슨은 성인의 불안감이나 공포는 이런 유년기의 경험에서 유래한다고 주장했다. 파블로프의 개와 마찬가지로 쥐 자체는 무섭지 않지만 쥐와 한 세트로 울린 굉음에 놀라는 사이에 굉음이 들리지 않더라도 쥐만 보면 조건 반사적으로 두려움을 느끼게 되었다는 것이다.

하지만 이 실험의 가장 큰 문제점은 11개월밖에 안 된 어린 아이에게 공포를 심어주는 실험을 했다는 사실이다. 공포심을 검증한 실험 자체보다 그 실험을 한 학자가 매드 사이언티스트 같아서 훨씬 더 무섭다. 왓슨은 1878년에 태어나 1958년에 세상을 떠났는데, 오늘날 이런 실험을 했다가는 틀림없이 아동학대로 체포되었을 것이다.

왓슨은 행동주의 심리학을 제창했다. 행동은 기본적으로 어떤 자극에 대한 반응이라는 주장이다. 그는 위와 같은 실험을 통해 연구를 계속했는데 "내게 유아 12명과 적절한 환경만 제공된다면 재능, 기호, 적성, 조상, 민족, 유전 등에 상관없이 의사, 예술가, 도둑, 거지 등 어떤 인간으로도 만들어낼 수 있다"라고 호언장담하기도 했다. 그는 역시 현대의 기준에서 보면 매드 사이언티스트라고 불릴 만하다. 그러나 왓슨은 1915년에 미국 심리학회 회장을 지낸 인물이다. 약 100년 전에는 이런 실험이 아동학대가 아니라 최신 과학으로 인정받았다는 의미다.

과학은 성숙한 사회 구성원들이 '그런 과학은 용인할 수 없다'

고 제동을 걸지 않으면 한없이 폭주할 우려가 있다. 과학자는 호기심이 비정상적일 정도로 강한 사람들이기 때문에 과학계 내부에서 자정을 기대하기는 어렵다. 그러므로 외부 사람이 제동을 걸 수밖에 없다. 특히 언론인이나 다큐멘터리 작가 같은 사람들이 그 역할을 맡아줘야 한다.

책임을 없애면 사람은 변한다

　이런 무서운 실험도 있다. 그 유명한 밀그램의 실험이다. 이것은 사회심리학자인 스탠리 밀그램(Stanley Milgram, 1933~1984)이 권위와 복종에 대해 연구하던 중 실시한 실험으로 내용은 이렇다. 피실험자 40명이 각각 교사와 학생, 실험자의 역할을 맡는다. 학생들은 학생만의 방에 들어가고, 실험자와 교사는 함께 다른 방에 들어간다. 그들은 학생의 얼굴을 볼 수 없으며, 인터폰 너머로 학생의 목소리만 들을 수 있다. 그리고 교사의 질문에 학생이 대답한다. 교사는 틀린 대답을 한 학생에게 전기 충격을 주며, 실험자는 교사에게 학생이 틀린 대답을 할 때마다 450볼트까지 전압을 올리도록 지시한다.

　사실 이 실험의 대상은 교사 역할을 맡은 사람들이었고, 학생과 실험자는 한통속이었다. 실험자가 교사에게 "지금 학생이 틀

렸으니 전압을 올리십시오"라고 말하면 교사는 전압을 올려 학생에게 전기 충격을 주도록 했다. 그러나 사실 전류는 흐르지 않았고, 학생 역할을 맡은 배우는 고통스러워하는 모습을 연기했다. 그리고 실험 도중에 권위 있는 박사 역할을 맡은 사내가 나타나 힘찬 어조로 "어떤 일이 일어나더라도 교사 여러분은 책임을 질 필요가 없습니다. 모든 책임은 대학이 집니다"라고 말했다.

이렇게 실험을 계속하자 교사 역할을 맡은 사람 모두가 300볼트까지 전압을 올렸고, 60퍼센트가 최대 전압인 450볼트까지 계속 전압을 올렸다고 한다. 자신의 조작에 학생이 심한 고통을 받고 있음에도 자신이 책임을 지지 않아도 되고 권위 있는 존재가 나타났다는 이유로 윤리적 가치관 따위는 저 멀리 날려버린 것이다.

이 실험을 기획한 이유는 히틀러의 학살을 심리학적으로 분석하기 위해서였다. 히틀러는 우생 사상을 바탕으로 수많은 유대인을 학살했는데, 학살에 관여한 사람들이 정말로 명령을 받았다는 이유만으로 학살을 자행한 것인지, 즉 인간은 명령을 받으면 어느 정도까지 그에 따를 수 있는지를 확인하려는 것이 실험의 목적이었다.

실험 결과, 명령에 끝까지 복종한 사람은 60퍼센트였다. 또 상당한 수준까지는 지시에 따랐지만 양심의 가책을 견디지 못하고 이탈한 사람이 40퍼센트였다. 놀랍게도 처음부터 명령을 거부한 사람이나 이른 단계에 이탈한 사람은 없었다.

이 실험의 경우는 "심리학 실험입니다"라고 처음부터 알려주었으므로 명령을 거부할 수도 있었다. 그러나 상명하복을 절대적인 가치로 여기는 군대에 들어가 명령에 따르지 않으면 호된 처벌을 받는 상황이고 주위 사람들도 명령을 따르고 있다면 대부분의 사람은 명령을 거부하지 못할 것이다.

이렇듯 인간은 원래 겁이 많은 존재다.

질병과 관련된
무서운 과학 이야기

DISEASE

뇌를 절제해 병을 고친다?

안토니우 에가스 모니스(António Egas Moniz, 1874~1955)라는 무서운 의사가 있었다. 포르투갈의 의사이자 신경학자이며 정치가로도 활발히 활동한 그는 악명 높은 로보토미(Lobotomy) 수술을 고안한 사람으로 알려져 있다. 놀랍게도 그는 1949년에 노벨 생리학·의학상을 받기도 했다. 수상 이유는 '정신병에 대한 전두엽 절제술의 치료적 효과에 관한 발견'이었다.

로보토미는 통합실조증(정신분열증·조현병)을 치료하기 위해 전두엽의 일부를 절제하는 치료법이었다. 현재는 인격을 완전히 파괴하는 수술로 부정되고 있지만, 과거에는 매우 효과가 좋은 수술로 여겨졌기 때문에 노벨상까지 받았던 것이다. 과학이나 의학의 정설은 시간이 지나면서 바뀌는 경우가 있다. 노벨상조차도 실수할 때가 있는 것이다.

모니스는 특이한 경력의 소유자다. 그는 1903년부터 1917년까지 국회의원을 역임했고 외무 장관을 맡기도 했다. 그리고 1944년까지는 리스본 대학에서 신경학 교수로 있었다. 1927년에 엑스선을 이용한 '뇌혈관 조영법'을 개발한 엄연한 신경학자였던 것이다. 그는 1936년에 동료와 함께 로보토미 수술을 실시했는데, 이것이 (어째서인지) 미국에 전해져 확산되었다.

미국에서 월터 J. 프리먼(Walter J. Freeman II, 1895~1972)과 제임스 워츠(James W. Watts, 1904~1994)라는 두 정신과 의사가 모니스의 방법을 '개량'해 누구나 간단히 로보토미 수술을 할 수 있는 방법을 개발한 것이다. 아이스픽(얼음을 잘게 깨뜨릴 때 쓰는 송곳)처럼 생긴 기구를 사용해 코 윗부분에 뾰족한 기구의 끝을 꽂아 넣고 뇌를 힘껏 휘저어 '치료'한다. 이 수술을 받은 환자는 폭력적인 성향이 사라지고 온순해지지만, 그 대신 인격이 상실되어 무기력해지고 감정의 기복도 사라져 완전히 다른 사람이 된다.

이것은 정말 비인도적인 수술이다. 로보토미 수술은 그 문제점을 고발한 유명 베스트셀러 소설이자 영화로까지 만들어진

『뻐꾸기 둥지 위로 날아간 새』(켄 키시 저)의 영향으로 1975년 이후로는 전혀 실시되지 않게 되었다.

모니스는 75세에 과거 자신이 시술한 환자에게 총격을 당해 척수가 손상된 후 휠체어 신세를 졌다. 그는 매드 사이언티스트의 전형으로 생각되지만, 그에게 수여된 노벨상은 아직도 취소되지 않았다. 노벨상 사이트에 가면 변명 같은 설명문이 올라와 있는데, 어쨌든 역대 수상자들 사이에 당당히 이름을 올리고 있다. 당시의 일류 의사와 과학자들이 그를 칭송해 수상을 하는 과오를 범했던 것이다.

과학기술의 예측 가능성은 불과 20퍼센트

그가 노벨상을 받은 1949년은 제2차 세계대전이 끝난 지 얼마 되지 않은 무렵이었으므로 이런 행위가 아무렇지도 않게 자행되었는지도 모른다. 아마 오늘날에도 이와 비슷한 일이 일어나고 있을 것이다. 지금은 획기적인 치료법으로 각광받고 있는 것이 반세기 후에는 매드 사이언티스트의 소행이라는 평가를 받을지도 모른다. 안타깝지만 과학기술도, 의학도 후세가 되지 않으면 알 수 없을 때가 있다.

인간은 근시안적이라고 할까, 자신과 동세대 또는 동시대의 상황은 제대로 보지 못한다. 자신은 볼 수 있다고 생각하기 쉽지만, 역시 누구도 보지 못한다. 실제로 과학기술의 '미래 예측' 가운데 80퍼센트는 빗나간다는 통계가 있을 정도다. 나중에 검증해보면 전문가라 해도 20퍼센트 정도밖에 맞히지 못한다는 얘기다. 이쯤 되면 주가 예측과 무슨 차이가 있을까 싶다. 로보토미 수술 같은 과거의 끔찍한 사건을 보면 '왜 그때는 의심하지 않았을까?'라고 생각하게 되지만, 이것은 결과론에 불과하다. 그것이 과학과 인간의 한계다.

그건 그렇고, 수술대에 묶여 옴짝달싹도 못하는 상태에서 자신의 눈을 향해 아이스픽 같은 바늘이 서서히 다가온다면……. 생각만 해도 등골이 오싹하다.

치사율 30퍼센트라는 공포의 세균

식인 박테리아라는 무서운 생물이 있다. 박테리아는 쉽게 말해 세균인데, 식인 박테리아에는 여러 종류가 있다. 연쇄상구균도 그중 하나로, A군 연쇄상 구균이 일으키는 '극증형 A군 연쇄상 구균 감염증'은 1994년에 영국의 주간지에 소개되어 화제가 되었다. 이 박테리아에 감염되면 처음에는 손발이 쑤시는 것 같은 통증을 느낄 뿐이지만 수십 시간이 지나면 장기 부전이나 손발 괴사로 사망한다. 치사율은 무려 30퍼센트에 이른다. 또 목숨은 잃지 않더라도 환부를 크게 절제해야 하기 때문에 심한 후유증이 남을 가능성이 높다.

일반적으로 우리는 목이나 피부 등에 구균(球菌)을 가지고 있다. 구균은 아이들이 잘 걸리는 인두염이라는 병의 원인이기도 하다. 덴마크의 연구에 따르면 약 2퍼센트의 사람이 A군 연쇄상 구균 보균자, 즉 증상은 나타나지 않지만 균을 가지고 있다고 한다. 이것은 인두염, 편도염, 그리고 종기의 원인이기도 한 것으로 알려져 있다. 그러나 보통은 목이 아프다거나 종기가 나는 정도에 그칠 뿐 중증으로 발전하지는 않는다.

그렇다면 어떨 때 극증형이 될까? 정확한 사실은 아직 밝혀내지 못했다. 우리 주위에 득시글대고, 평소에는 사람에게 별다른 해를 입히지 않지만 어느 날 갑자기 미치기라도 한 듯이 인간을 습격해 죽인다. 그러나 그 원인을 알지 못하기 때문에 혹시 나 자신이나 가족에게 감염되기라도 하면 어쩌나 하는 생각에 등골이 서늘해진다.

현재는 이 균이 우리의 목에 있는 연쇄상 구균과는 다른 독소를 내뿜어서 그 독소에 피해를 입는 것으로 추측되고 있다. 그리고 숙주인 사람의 체질과도 관계가 있을 가능성이 있다. 그 독소에 약한 사람과 강한 사람이 있다는 말이다. 그러나 자세한 것은 아직 밝혀지지 않았다.

기요틴에 숨어 있는 과학

기요틴은 인도적인 처형법?

인류는 지금까지 잔혹한 처형법을 수없이 개발해왔는데, 그중에서도 가장 유명한 것은 기요틴(단두대)이 아닐까 싶다. 18세기의 프랑스에서는 프랑스 혁명의 결과로 수많은 사람의 목을 베야 했다. 프랑스 혁명을 일으킨 시민들은 기존의 왕후귀족과는 달리 '덜 고통스럽게 목을 베기 위한 과학적이고 의학적인 수단'을 모색했는데, 그것이 바로 기요틴이다. 실제로는 한 사람 한 사람의 목을 칼로 베기가 쉽지 않았을 테고 그래서 대량으로 빠르게 벨 수단이 필요했을 것이다. 기요틴으로 목을 베이면 한

순간 목이 따끔할 뿐 통증은 없는 것으로 여겨지고 있다.

기요틴을 개발한 사람은 조제프 기요탱(Joseph-Ignace Guillotin, 1738~1814)이다. 기요탱은 프랑스의 내과 의사이자 국민 의회의 의원이었다. 당시는 사형수의 손발 등을 쇠뭉둥이로 때려서 부러트리고 수레바퀴에 묶어서 죽을 때까지 방치하는 식의 거열형이 주류였기 때문에 그에 비하면 기요틴은 인도적인 처형법으로 평가받았다. 또 기요틴이 등장하기 전까지 프랑스에는 사형 집행인 160명과 조수 3,400명이 있었는데, 기요틴이 도입된 뒤 1870년에는 집행인 1명과 조수 5명이 프랑스의 모든 사형을 담당했다고 한다. 왠지 산업혁명으로 기계가 도입되자 인력이 필요 없어진 상황과 비슷한 느낌이다. 어쨌든 기요틴은 이와 같이 효율적인 사형 방법이었다.

그러나 기요틴이 정말 과학적이고 인도적이었는지는 검증하기 어렵다. ‘근대 화학의 아버지’로 불리는 라부아지에(Antoine Laurent de Lavoisier, 1743~1794)라는 화학자가 있다. 그는 질량 보존의 법칙과 연소가 ‘산화’라는 사실 등을 발견했는데, 그런 천재도 단두대의 이슬로 사라졌다. 어디까지가 사실인지는 알 수 없지만 라부아지에는 주위 사람들에게 “기요틴에서 처형되어 내 목이 떨어진 뒤에 의식이 있는지 살펴봐주게”라고 부탁했다고 한다. “만약 의식이 있다면 반응을 하겠네. 말은 할 수 없을 테니 눈으로 신호를 하지. 목이 잘린 뒤에 최대한 계속 눈을 깜빡이겠네"라고 말했다는 것이다. 그리고 처형 당일, 기요틴에 목이 잘린 라부아지에는 실제로 몇 차례 눈을 깜빡였다고 한다. 어라? 목이 잘려도 의식이 남아 있다니, 전혀 인도적인 처형법이 아니지 않은가!

하지만 그 모습을 찍은 동영상이 남아 있는 것도 아니고, 이 일화만으로는 증거가 되지 않는다. 라부아지에의 처형에 입회한 목격자가 남긴 기록에는 그런 내용이 있을 리 없다. 과학사(史)의 관점에서 보면 전해들은 2차 정보일 뿐 당사자가 기록한 1차 정보가 아니기 때문이다. 어쩌면 이 이야기는 후세에 창작된 일화일 수도 있다.

이 '라부아지에의 실험'은 재현할 수 없으므로 검증이 불가능하다. 어디까지나 추측하는 수밖에 없다. 목이 잘리면 혈압이 급격히 떨어진다. 인간은 혈압이 갑자기 떨어지면 의식을 잃는다. 그러므로 아마도 목이 잘린 순간 의식을 잃을 것이다. 설령 몇 초 동안은 의식이 남아 있다고 해도 그것을 전할 방법은 그야말로 '눈 깜빡임' 정도밖에 없다. 목만 있는 상태로는 말을 할 수도 없고 입도 거의 움직일 수 없을 것이다. 피가 빠져나가고 있으므로 혈액이 뇌 속을 순환하지 못한다. 그렇게 되면 뇌는 기능을 상실하므로 즉시 뇌사 상태가 될 것이다. 다만 진실은 실제로 목이 잘린 사람만이 알 수 있다. 자신의 목이 잘려서 세상이 빙글빙글 돌다가 자신을 바라보는 처형인과 눈이 마주쳤다. 무엇인가 말을 하려고 생각하지만 입이 움직이지 않는다. 하다못해 윙크라도 해줘야 할 텐데…….

아아, 상상만 해도 등골이 오싹해진다!

목이 잘린 뒤에도 눈은 깜박인다

기요틴에는 다음과 같은 일화도 있다. 역시 프랑스 혁명 당시 처형된 샤를로트 코르데(Charlotte Corday, 1768~1793)라는 여성의 이야기인데, 기요틴으로 목이 잘린 뒤에 사형 집행인의 조수가 잘린 머리를 들고 뺨을 때리자 얼굴이 발개지며 '분노의 시선'을 보냈다고 한다. 다만 이것은 처형 시간이 저녁이었기 때문에 저녁놀에 얼굴이 발개진 것처럼 보였거나 피가 묻어서 발갛게 보였는지도 모른다는 말이 있다. 어쨌든 그녀의 처형을 담당했던 사람도 '아차' 싶지 않았을까? 직업상 목을 베었을 뿐인데 쓸데없이 원한을 사서 저주라도 받는다면 억울할 테니 말이다(비과학적인 이야기이지만).

1905년에 가브리엘 보히유(Gabriel Beaurieux) 박사가 기요틴에 관한 논문을 썼다. 보히유 박사는 처형을 앞둔 어느 사형수에게

"목이 잘린 뒤에 다가가서 당신의 이름을 부를 테니, 내 목소리가 들리면 눈을 깜빡여주시오"라고 부탁하고, 사형수의 목이 잘리자 다가가 몇 초 후에 이름을 불렀다. 그랬더니 그 사형수는 몇 초 동안 눈을 뜨고 의사를 응시하다 눈을 감았다고 한다. 또 두 번째로 이름을 불렀을 때도 반응을 보였는데, 세 번째로 불렀을 때는 눈을 뜨지 않았다고 한다. 하지만 이 이야기에 대해서도 단순한 근육 경련이 아니냐며 이론을 제기하는 사람이 있다. 개인적으로는 근육 경련이라면 '눈을 깜빡였다'는 보고가 더 많이 나왔을 것이므로 몇 초 동안은 의식이 남아 있다는 설도 설득력이 있다고 생각한다.

비교적 최근인 1956년에 프랑스 의회에서 실험을 실시한 적이 있다. 그런데 목이 잘린 사람의 동공 반응과 조건 반사를 확인한 결과, 사후 15분 정도 동안은 반응이 있었다고 한다. 동공의 반응과 조건 반사는 의식이 있느냐 없느냐의 여부와는 별개로 어디까지나 죽었느냐 살아 있느냐를 살피는 것이지만, 어쨌든 15분은 상당히 긴 시간이다. 이런 경우 대체 어느 시점에 '죽었다'고 봐야 할까?

설령 몇 초라고 해도 '자신의 목이 잘렸음'을 안 상태에서 의식이 남아 있다고 생각하면 기요틴은 그다지 인도적이라고는 할 수 없는 처형법이다. 프랑스에서는 1981년 9월에 사형제도가 폐지되기 전까지 기요틴을 사형 집행에 사용했다. 다만 일본 등에서 실시하는 교수형이나 미국 등의 전기의자형이 인도적인 가 하면 그렇지도 않다. 교수형의 사인은 목이 조여짐에 따른 질식사가 아니라 목뼈의 골절이다. 또 전기의자도 한 번에 성공하지 못하는 경우가 있기 때문에 역시 인도적이라고는 할 수 없다.

예전에 소설을 집필하기 위해 동서고금의 처형법을 조사한 적이 있는데, 인류의 처형사(史)는 잔인하다는 한마디로 요약할 수 있다. 지금도 "이런 육시를 할 놈"이라는 욕을 사용하는 사람들이 있는데 '육시(戮屍)'란 죽은 시체를 다시 꺼내 사지를 찢는 형벌을 말한다. 실제로 말이나 소 여러 마리를 사용해서 사람의 몸을 찢어 죽이는 '거열(車裂)'이라는 처형법을 사용했던 역사가 있다. 이것은 상당히 충격적인 광경이었을 것이다.

이외에도 처형의 역사를 살펴보면 글로 옮기기 힘들만큼 그 잔인성을 드러낸다.

자살 기계는 윤리적으로 허용될까

'죽음의 기계'를 발명한 사람이 있다. 잭 케보키언(Jack Kevorkian, 1928~2011)이라는 미국의 병리학자다. 그는 안락사를 위한 기계를 발명했다. 이 자살 장치는 두 종류가 있는데, 타나트론과 머시트론이라는 이름이 붙어 있다. 타나트론이라는 이름은 타나토스에서 유래했는데, 타나토스는 그리스어로 죽음이라는 의미다. 요컨대 '죽음의 기계'라는 뜻이다. 그리고 머시트론은 머시(mercy), 즉 '자비의 기계'라는 의미다.

타나트론은 약물을 사용한다. 먼저 환자에게 점적주사 장치를 부착하고 생리 식염수를 점적한다. 그리고 환자가 스위치를 누르면 1분 뒤에 티오펜탈의 점적이 시작된다. 티오펜탈이 몸속에 들어가면 환자는 의식을 잃고 혼수상태에 빠진다. 그후 자동으로 염화칼륨의 점적이 시작되며, 최종적으로 환자는 심장 발작을 일으켜 죽음에 이른다.

실제로 암 말기 환자 2명이 이 기계를 사용해 자살했다. 이에 대해 케보키언 박사는 안락사라고 주장했지만, 미시건 주는 케보키언 박사의 의사 면허를 박탈했다. 의사 면허를 박탈당해 약을 입수할 수 없게 되었기 때문에 케보키언 박사는 이후 타나트론을 사용하지 않았다. 여담이지만, 이 기계의 제작비는 불과 30달러였다고 한다.

한편 머시트론은 일산화탄소를 이용한다. 일산화탄소가 들어 있는 실린더와 연결된 마스크를 쓰고 밸브를 열어 일산화탄소 중독으로 죽는 방식이다. 케보키언 박사는 이것도 의식을 잃은 후에 죽으므로 안락사라고 주장했지만, 의사가 이런 기계를 만

들어 제공하는 것이 윤리적으로 허용되는 행위인지를 놓고 격렬한 논쟁이 벌어졌다.

케보키언 박사는 2011년 6월 3일에 세상을 떠났으므로 얼마 전까지 살았던 사람이다. 사형 방법, 안락사 방법은 과학이나 의학의 그레이존, 즉 어디에 속하는지 불분명한 영역으로 어떤 방법을 사용하면 고통이 없느냐는 참으로 판단하기 어려운 문제라고 할 수 있다.

열등한 유전자는 없어져야 한다?

독일 나치스의 만행을 통해 유명해진 우생학(優生學)은 유전적인 소질에 따라 인간의 우열을 판단하고 열등한 유전자를 배제하자는 살벌한 학문이다.

우생학을 창시한 사람은 프랜시스 골턴(Francis Galton, 1822~1911)이다. 그는 찰스 다윈(Charles Robert Darwin, 1809~1882)이 쓴 『종의 기원』의 영향을 받았는데, 어째서인지 우생학이라는 방향으로 엇나가고 말았다. 그리고 골턴 이후 많은 사람이 우생학을 주장했다. 전화를 발명한 알렉산더 그레이엄 벨(Alexander Graham Bell,

1847~1922)도 그중 한 명이다. 그는 매사추세츠 주의 마서스비니 어드라는 섬에 귀가 잘 들리지 않는 사람과 말을 못하는 사람이 매우 많다는 사실에서 청각 장애는 유전한다는 결론을 내리고 청각 장애 유전자를 지닌 사람과 결혼하지 말 것을 장려했는데, 이것은 전형적인 우생학적 발상이다. 유전적인 소질이나 형질을 없애려 하는 행위는 전부 우생학이다.

그리고 아돌프 히틀러가 이끄는 독일의 나치스는 대표적인 우생학 신봉자들이었다. 그들은 다양한 인체 실험을 실시한 것으로 알려져 있는데, 1930~40년대에 걸쳐 우생학을 바탕으로 '부적격한 인간'을 정의하고 수십만 명에 이르는 사람을 대상으로 강제 단종(인위적으로 생식 능력을 없앰―옮긴이)과 강제 안락사를 자행했으며 최종적으로 수만 명을 살해했다.

또 미국에서도 1896년에 코네티컷 주를 시작으로 간질이나 지적 장애가 있는 사람의 결혼을 제한하는 법률이 제정된 적이 있었다. 일본 역시 한센병에 걸린 사람은 자손을 만들지 못하게 하는 정책을 실시했다. 한센병에 걸린 사람은 아이를 낳지 못하도록 생식 능력을 없앴으며, 아이가 생기면 강제로 낙태를 시켰다.

모체(母體)의 보호를 목적으로 낙태 등에 관해 규정한 일본의 '모체 보호법'은 1996년에 개정되기 전까지 '우생 보호법'이라는 명칭을 가지고 있었다. 이렇듯 우생학은 전 세계에서 다양한 형태로 살아남아왔다.

우생학은 모습을 바꿔 부활한다

일본의 우생 보호법에서는 정신 질환이나 지적 장애가 있는 사람도 단종의 대상이었다. 1996년에 법률이 개정되었는데, 이 말은 불과 십수 년 전까지만 해도 이 법률이 존재했다는 뜻이다.

그리고 현재는 또 다른 것이 모습을 바꾼 우생학이 되어가고 있다. 유전자에 관한 지식이 비약적으로 증가하면서 아이가 어떤 병을 가지고 있는지 사전에 진단할 수 있게 되었는데, 이것이 윤리적인 문제를 야기하고 있는 것이다. 이는 유전자 검사를 통해 뱃속의 태아가 유전병을 가지고 있는지를 어느 정도 선별(스크리닝)할 수 있는 장점이 있지만, 태아의 목숨에 대한 결정권이 부모에게 있다는 데 문제가 있다. 만약 태아가 가진 병이 목숨을 위협하는 병이라면 태어난 아이가 괴로움을 겪을 것을 사전에 알 수 있다. 따라서 '그렇다면 차라리 낙태하자'라는 선택도 충분히 가능하기 때문이다.

최근에는 부모 양쪽이 모두 어떤 종류의 유전적 유형이어서 그 자녀가 유전병에 걸릴 가능성이 높을 경우 이 검사를 받는 사례가 늘고 있다. 예를 들어 테이-삭스병이라는 선천성 대사 이상을 일으키는 병이 있다. 이 병이 있는 신생아는 생후 6개월까지는 이상 없이 성장하지만 이후 정신과 신체의 성장이 현저히 더뎌지고 시각과 청각에 이상이 나타나며 음식물도 삼키지 못하게 되어 5세를 넘기기 전에 사망하는 경우가 많다고 한다(20세나 30세가 되어서 발병하는 경우도 있다).

부모가 테이-삭스병 유전자를 가지고 있을 경우 아이도 테이삭스병에 걸릴 확률이 높기 때문에 검사를 받는 편이 좋다. 이 경우는 인공 수정으로 수정란을 만들고 세포 분열 단계에서 세포를 채취해 DNA를 조사한다. 그리고 수정란에 테이-삭스병의 유전자가 없으면 그 문제가 없는 수정란을 어머니의 자궁 속으로 돌려보낸다. 요컨대 '생명을 선택'한다.

또 태아의 선천적 이상을 조기에 발견하기 위한 수단으로는 임신 8주 이상 된 모체의 혈액에서 태아의 DNA를 조사하는 방법, 태반의 융털을 채취하는 방법, 양수 검사를 하는 방법 등이 있다.

이것은 어디까지나 부모와 앞으로 태어날 아이의 행복을 위해 실시하는 검사지만, 우생학을 조장할 우려가 아주 없다고는 할 수 없다. 가령 어떤 사람이 유전적인 병을 가지고 있다고 가정하

자. 그러면 그 부모도 50퍼센트의 확률로 그 병을 가지고 있을 가능성이 있다. 뿐만 아니라 자신의 형제도, 자신의 자녀들도 50퍼센트의 확률로 그 병을 가지고 있을 수 있다.

이때 검사를 해서 치명적인 유전병을 가지고 있음을 알았다면 의사는 '이 사실을 누구에게 알릴 것인가?'라는 문제에 부딪힌다. 그 사실을 전혀 모르는, 딱히 알고 싶어하지도 않는 친족들도 틀림없이 일정 확률로 똑같은 병이 있을 가능성이 있다. 의사로서는 그 사실을 알려야 하는지, 아니면 알리지 말아야 하는지 딜레마에 빠질 수밖에 없다. 여기에 개인 정보의 보호라는 관점에서 프라이버시 문제도 제기될 수 있을 것이다.

아니, 친족은 그렇다 치고 보험 회사가 정보를 조회하면 뭐라고 대답해야 할까? 그런 병이 있는 줄 안다면 보험 회사는 생명보험 가입을 거부할 것이다. 의사는 그 정보를 보험 회사에 제공해야 할까? 나중에 정보를 손에 넣은 생명보험 회사는 그 사람이 높은 확률로 그 병에 걸릴 것임을 알게 될 텐데 말이다.

문제는 그것만이 아니다. 기업이 그 정보를 손에 넣는다면 유전적으로 일찍 죽을 가능성이 있는 사람을 채용해 돈을 들여 교육시키려 할까? 위험 회피책(리스크 헤지)을 생각하는 기업으로서는 탐나는 정보가 될 것이다.

질병 치료와 조기 발견 기술은 본래 인간의 행복에 공헌하려는 목적으로 발전해왔지만, 사회와 완전히 분리시킬 수 없기 때문에 언제라도 우생학적인 문제점이 나타날 수 있다.

우생학과 의료보험

미국에서는 무서운 논란이 벌어지고 있다. 한국이나 일본은 전 국민 의료보험이 있지만, 미국은 그렇지 않다. 그래서 오바마 대통령이 보험 제도를 개혁하고 있는데, 그럴 때마다 반드시 우생학적인 문제가 제기된다. 유전적인 병을 가진 사람이 있다고 가정하자. 그 사실을 알고 있으면서 아이를 낳았고, 그 아이도 유전적인 병을 가지고 태어났다. 그렇다면 미국에서는 "사실을 알면서도 자기 책임으로 아이를 낳았는데 왜 그 아이의 의료보험에 우리가 낸 세금을 쓰는가? 우리하고는 상관없는 일이다"라는 논란이 일어날 것이다.

하지만 전 국민 의료보험 제도를 실시하는 나라에서는 그런 논란이 일어나지 않는다. 국민들이 그 제도를 당연시하며 병으로 고통 받는 사람, 난치병에 걸린 사람을 세금으로 돕는 것에 동의했기 때문이다. 그러나 미국은 개인주의가 매우 강한 나라이기 때문에 세금을 낭비해서는 안 된다는 전제 아래 무엇이 낭비인가를 놓고 논쟁이 벌어진다. 그리고 이때 우생학적인 발상이 부활해 "국민적으로 유전자 검사를 해야 한다. 그러면 유전병이 있는 아이가 태어나는 일은 줄어들 것이며, 따라서 세금도 낭비되지 않을 것이다"라는 주장이 나올지도 모른다.

우생학은 차별에 가담한다

1960년대에 남성을 결정하는 염색체인 Y염색체를 하나 더 가지고 있는 사람은 '마초'이며, 마초는 난폭하므로 범죄자가 될 확률이 높다는 주장이 제기된 적이 있었다. 현재는 이 주장이 부정되었지만, 당시에는 교도소에 있는 사람들을 조사한 결과 Y염색체에 이상이 있는 사람이 많았다는 연구도 있었다. 이것도 완전한 우생학이다.

또한 우울증도 유전적인 요인이 작용한다는 이야기가 오랫동안 받아들여졌는데, 현재는 그 이론에 의문이 제기되고 있다. 통합실조증(정신분열증·조현병)도 마찬가지다. 그리고 동성애도 유전적으로 결정된다고 알려진 때가 있었지만 최근에는 정설로 인정받지 못하고 있다.

이렇게 보면 인류는 우생학적인 방향으로 치닫는 경향이 있는 듯하다. 그리고 그 경향이 과도해졌을 때 사회적인 문제가 제기돼 차별 문제가 표면화된다. 그러면 법률이 개정되거나 새로운 연구 결과를 통해 반박됨으로써 우생학적인 사고방식이 쇠퇴한다. 하지만 우생학은 그후에도 모습을 바꿔서 다시 나타난다. 유명한 과학자 중에도 미래의 인류는 자손을 유전적으로 설계해 슈퍼 인류를 탄생시킬 것이라는 이야기를 아무렇지도 않게 하는 사람이 있는데, 이것은 완전히 우생학적인 발상이다.

우생학은 끊임없이 모습을 바꾸어 등장한다. 우리도 항상 주의하지 않으면 자신도 모르는 사이에 차별에 가담하게 될 수도 있다.

강독성 인플루엔자로 전 세계가 공포에 떨다

신종 인플루엔자는 위협하다?

2009년 신종 인플루엔자가 등장해 대소동이 벌어졌다. 되돌아보면 그 바이러스의 사망률은 계절성 인플루엔자와 비슷한 수준이었으므로 그렇게까지 호들갑을 떨 필요는 없지 않았나 하는 생각도 든다.

그런데 왜 그런 대소동이 벌어졌을까? 그 이유는 'H5N1형'이라는 괴물 때문이다. 이것이 공포의 근원이다. 전 세계의 연구자가 'H5N1형'을 경계하고 있는데, 그 이유는 사망률이 매우 높기 때문이다. 원래 인플루엔자는 조류의 세계에서 찾아온다. 그러나 조류의 병이 직접 인간에게 감염되는 일은 적으며, 대개는 조류에서 돼지에게로 감염된다. 그리고 돼지에서 인간에게로 감염된다.

1918년부터 1919년에 걸쳐 전 세계에 '스페인 독감'이 유행해 수천만 명이 사망했다. 이것도 사실은 인플루엔자였는데, 당시는 인플루엔자가 아니라 단순한 '감기'라고 생각했다. 게다가 스페인 독감은 약독성이었다. 독성이 약했다는 말이다. 그럼에도 많은 사람이 사망했는데, 'H5N1형 바이러스'는 스페인 독감보다 훨씬 무서운 강독성이다.

약독성과 강독성의 차이는 무엇일까? 약독성은 호흡기에 염증을 일으킨다. 목이 아프고 코가 막힌다. 그리고 기관지염이 되며, 심할 경우는 폐렴으로 발전한다. 요컨대 피해를 입는 부위는 호흡기계뿐이지만 그래도 사람이 죽을 수 있다. 그런데 강독성은 바이러스가 호흡기뿐만 아니라 온몸에 달라붙어 출혈을 일으킨다. 온몸이 공격을 받으므로 치사율이 높다.

일주일이면 전 세계로 확산된다

과거에는 어딘가에서 역병이 유행하더라도 다른 지역으로 퍼지지 않도록 막을 수 있었다. 그러나 현재는 항공 교통망 등의 발달로 일주일도 되지 않아 지구 반대편에서 바이러스에 감염된 사람이 찾아온다. 그리고 이를 공항이나 항구에서 차단하기는 거의 불가능하다. 그 이유는 무엇일까? 역병으로 판명되어 감염이 확산되고 있음을 알았을 무렵에는 이미 누군가가 다른 지역으로 이동한 뒤이기 때문이다.

가령 세계 어딘가에서 H5N1형 인플루엔자가 유행하고 있다는 소식이 알려질 때쯤이면 감염자 중 누군가는 이미 비행기를 타고 국내에 와 있을 것이다. 현대인의 이동 속도는 그만큼 빠르다. 이런 이유로 연구자 중에는 인플루엔자가 유행하던 2010년에 공항에서 실시했던 체온 검사 등이 전혀 효과를 기대할 수 없는 조치였다고 주장하는 사람도 있었다.

그렇다면 H5N1형 인플루엔자 대유행에 대비해 어떤 대책이 마련되어 있을까? 각국 정부는 'H5N1형' 예방 백신을 비축하느라 심혈을 기울이고 있다고 한다. 그러나 백신 사용의 우선순위는 먼저 의사와 간호사, 즉 의료 종사자다. 병원에서 일하는 사람들을 우선하는 것은 당연한 일이다. 그리고 국회의원과 관리들도 우선적으로 예방 백신을 맞는다. 안타깝지만 우리에게까지 순서가 돌아올 가능성은 없다. 백신을 맞을 수 없는 나머지 국민에 대한 대책은 증상이 나타나면 타미플루(혹은 그 밖의 항바이러스제)를 복용하라는 것이다.

그러나 바이러스는 돌연변이를 일으킨다. 그리고 언젠가는 타미플루 내성을 지닌(타미플루가 효과가 없는) 바이러스도 나타날 것이다. 'H5N1형'의 경우 아직 인간에게 감염된 적이 없다. 따라서 일단 타미플루로 대응할 수 있을 것으로 예상은 되지만 실제로 그럴지는 알 수 없는 일이다. 바이러스가 내성을 가지는 일은 얼마든지 일어날 수 있다.

이도 저도 아닌 예방책들

'H5N1형'은 현재 'H5N1형 조류 인플루엔자'로 불리고 있다. 아직 '새'들 사이에서만 감염되고 있기 때문이다. 다만 문제는 새에게서 인간에게로 감염될 가능성도 배제할 수 없다는 데 있다. 돼지를 거치지 않고 인간에게 감염된 사례도 다수 확인된 바 있기 때문이다. 다만 인간에게서 다른 인간에게로 감염된 예는 아직 없다. 아니, 정확히 말하면 의심되는 예는 있는 듯하지만, 개발도상국은 데이터를 공개하지 않으며 최소한 한국과 일본 등 동아시아 지역에서는 그런 예가 발견되지 않았다.

'H5N1형'이 인간에게서 인간에게로 감염되기 시작한다면 정말 큰일이다. 그때는 명칭도 조류 인플루엔자에서 신종 인플루엔자(신종플루)로 바뀐다. 지금은 새에게서 새에게로 감염되며, 아주 드물게 새에게서 인간에게로 감염되는 경우가 있다. 이 경우는 감염된 인간을 격리하면 그만이다. 그러나 'H5N1형' 바이러스가 인간에게서 인간에게로 감염되는 수준까지 진화한다면 문제는 심각해진다. 순식간에 바이러스가 확산되어 수많은 사망자가 나올 것이다.

감염된 새를 대량으로 살처분했다는 뉴스가 가끔 나오는데, 현재로서는 이것밖에 대책이 없다. 조금이라도 의심이 가는 새는 전부 살처분하는 수밖에 없다. 그러나 이미 새의 세계에서 맹위를 떨치고 있으므로 인간계로 넘어오는 것이 시간문제일지도 모른다.

그렇기 때문에 더더욱 그때를 대비한 준비가 중요하다. 사실은 국가마다 대책이 달라서, 사전에 'H5N1형'에 대한 예방 접종을 실시하려는 나라가 있는가 하면 유행이 시작된 뒤에 'H5N1형' 바이러스로 약을 만들려는 나라도 있다. 가령 미국은 '예방은 무리'라고 생각한다. 예방을 위해서는 현재의 'H5N1형' 바이러스를 사용해 백신을 만들어야 하는데, 바이러스는 돌연변이를 일으킬 가능성이 있기 때문에 예방용 백신을 대량으로 만들어놓는다고 해도 그 백신이 효과가 있을 것이라는 보장이 없다는 것이 미국의 생각이다. 그러나 스위스의 생각은 다르다. 일단 모든 국민에게 예방 백신을 접종하면 바이러스에 다소의 돌연변이가 일어나도 사망률은 낮아질 것이라고 생각한다.

이처럼 미국식을 채택할지 스위스식을 채택할지 결정하는 것은 쉬운 일이 아니다. 가령 스위스식을 채택할 경우 예방을 위한 백신을 만드는 데 막대한 돈이 들어가며, 만약 그것이 돈 낭비가 되었다면 누군가가 책임을 져야 한다. 아마도 정부의 관리나 해당 부서 직원이 문책을 당할 것이다. 국민들은 세금을 낭비했다며 비난할 것이다. 그렇기 때문에 아무도 그 리스크를 짊어지려고 하지 않는 것이다.

치사성 인플루엔자 유행이 시작되면……

만약 치사성 인플루엔자가 유행하기 시작하면 백신을 제조하는 데 반년 정도 걸린다. 즉 반년 동안은 스스로 살아남아야 한다는 얘기다.

현재는 공항이나 항구에서 바이러스를 차단하는 전략을 실행하는 수준이다. 조류의 세계에서 인간의 세계로 침입하지 않도록 양계장에서 바이러스가 발견되면 전부 살처분한다. 너무 지나치다고 생각하는 사람도 있을지 모르지만, 그렇지 않다. 감염을 방지하기 위해 가능한 모든 방법을 동원하지 않으면 금방 인간의 세계로 확산될 것이다.

일주일이면 지구 반대편까지 감염자가 확산되는 시대이므로 아무리 자국이 예방책을 세운다 해도 다른 나라가 대책을 철저히 마련하지 않는다면 어쩔 도리가 없다. 선진국은 감염자가 생기면 반드시 공표하고 확산을 봉쇄하지만, 신흥국은 꼭 그렇지만은 않다. 정보를 공개하지 않거나 묵살한다. 그러므로 언젠가는 인간의 세계로 넘어올 것이다. 아니, 이미 넘어왔는지도 모른다. 일단 발생하면 전 세계로 확산될 수 있는 전염병이기 때문에 이 문제에 대한 국가의 정보 은폐가 가장 우려되는 사안이다.

테러가 과학의 힘을 빌릴 가능성

2011년 9월 이후 두 가지 동물 실험이 세계를 떠들썩하게 했다. 네덜란드와 일본(미국과 공동연구)의 연구팀이 페릿(족제비과의 포유류) 사이에서 공기 감염되는 'H5N1형' 변이 바이러스를 만들고 세계적으로 권위 있는 과학 잡지 「사이언스」와 「네이처」에 상세한 데이터가 담긴 논문을 투고한 것이다.

미·일 공동연구 팀은 2009년의 신형 바이러스에 'H5N1형'의 일부를 넣어보았다. 그랬더니 페릿 사이에서의 감염률은 높아졌지만 강독성이 되지는 않았다. 또 네덜란드 팀은 'H5N1형' 바이러스의 유전자를 조금 조작한 다음 그 바이러스를 페릿에게 직접 분무해 치사율이 높음을 확인했다. 다만 공기 감염은 거의 없었다고 한다.

문제는 이런 위험한 실험 결과를 상세히 공표해도 되느냐는 점이다. 과학 잡지는 누구나 서점에서 구입해 읽을 수 있다. 만에 하나 바이오 테러를 노리고 있는 인물이 논문을 참고로 '살인 바이러스'를 만든다면 돌이킬 수 없는 사태가 초래될 수 있다.

현재 생물 실험실의 안전성 단계는 네 가지로 분류된다.

1등급은 '건강한 성인에게 질병을 일으키지는 않는 미생물'이 실험 대상으로, 흰 가운과 장갑이 있으면 연구가 허락된다.

2등급은 '사람에게 감염되었을 경우 증상이 가볍고 치료 가능한 병을 일으키는 병원체'(폴리오바이러스나 계절성 인플루엔자 등)가 대상으로, 안전 캐비닛과 실험실 내의 출입 제한이 연구 조건이다.

3등급은 '사람에게 감염되었을 경우 치료할 수는 있지만 증상이 심각한 병을 일으키는 병원체'(결핵균이나 탄저균 등)가 대상으로, 폐기물과 작업복의 제염(除染)이 요구된다.

4등급은 '사람에게 감염되었을 경우 치료법이 없는 증상이 심각한 병을 일으킨다고 생각되는 병원체'(에볼라 출혈열 바이러스나 니파 바이러스 등)가 대상으로, 양압식 공기호흡기가 달린 전신 방호복(!)이 필요하다.

이번 'H5N1형' 바이러스는 3등급의 실험실에서 실험이 실시되었다. 왠지 무서운 느낌도 들지만, 실험실에서 나올 때 샤워를 하고 실험실 내의 공기가 그대로 밖으로 나가지 못하도록 조치한다. 또 4등급 실험을 하려면 값비싼 실험실 설비가 필요하기 때문에 연구가 정체된다고 한다.

대대적인 논란 끝에 두 논문 모두 잡지에 실리게 되었는데, 과학이 테러와 연결될 우려가 있음을 새삼 깨닫게 하는 사례였다.

생백신과 불활성화 백신의 차이

폴리오(급성 회백수염)는 중추 신경이 손상되어 감기와 비슷한 증상 후에 손발이 마비되기도 하는 무서운 병으로, 어린아이가 많이 걸린다. 현재 일본에서는 폴리오가 근절되었음에도 매년 약 4명 안팎의 감염자가 발생하고 있다. 그 이유는 집단 예방 접종이다. 왜 아이의 몸을 지키기 위해 예방 접종을 했는데 감염자가 발생하는 것일까? 그 이유는 폴리오 생백신 접종에 있다.

일본에서는 아주 최근까지 폴리오 생백신만을 사용했다. 생백신은 폴리오 바이러스를 약하게 만든 것으로, 독성이 남아 있어서 아주 드물게 발병하는 경우가 있다. 그 비율은 후생 노동성의 발표에 따르면 440만 명에 한 명이며, WHO의 발표로는 100만 명에 한 명이다.

위험은 그뿐만이 아니다. 생백신은 경구 접종(입으로 먹음)을 하는데, 그 아이의 변을 통해 가족에게 감염될 때도 있다. 가령 어떤 특정 해에 태어난 어머니는 폴리오 백신 접종을 받지 않았기 때문에 면역이 없다고 한다. 그러면 아이의 변을 통해 폴리오에 감염될 수 있다. 이것은 참으로 심각한 문제로, 선진국 중에서 생백신을 사용하고 있는 나라는 일본뿐이다. 다른 나라에서는 이미 오래전에 '불활성화 백신'으로 교체했다(한국은 경구용 폴리오생백신OPV의 원료수입이 중단되어 2003년 12월부터 생산하지 않는다.－옮긴이).

'불활성화'는 활성을 없앤다는 의미로, 매우 안전하다. 노르웨이나 스웨덴은 반세기 전부터 불활성화 백신을 도입했고, 도입이 늦은 미국조차도 21세기가 되기 전에 불활성화 백신으로 전환했다. 그러나 일본만은 불활성화 백신으로 전환하기를 미루고 있다. 그 결과 선진국 중에서 폴리오가 발생하고 있는 나라는 일본뿐이라는 비참한 상황에 처하고 말았다.

연간 4명밖에 안 된다고는 해도 그 4명은 증상에 시달릴 뿐만 아니라 후유증까지 남는다. 440만 명에 한 명의 '확률'이라고는 하지만 발병한 아이와 그 부모는 마비의 고통을 평생 겪어야 한다. 인생을 단순히 '숫자'로 계산해서는 안 되는 것이다. 왜 일본은 불활성화 백신으로 전환할 여유가 충분히 있음에도 이런 무서운 도박을 국민에게 강요해왔을까?

우리 집에서는 2010년에 여자아이가 태어났는데, 나는 이 위험을 피하기 위해 2011년 3월과 4월에 외국에서 수입한 불활성화 백신을 맞혔다. 정부의 늑장 대응에 더는 참을 수 없었는지 소아과 의사가 외국에서 불활성화 백신을 수입해 접종해주고 있었다. 두 번 접종을 받으면 감염의 위험성은 크게 낮아진다. 보육원 등에서 생백신을 먹은 다른 아이들의 변을 통해 감염될 위험성도 줄어든다.

불활성화 백신이 도입되지 않는 이유

일본의 경우 불활성화 백신을 맞히면 위험한 사태를 피할 수 있음에도 후생 노동성이 미적거리는 이유는 무엇일까? 이것은 추측인데, 과거에 백신의 부작용 문제로 정부가 고소를 당해 배상 명령을 받은 사례가 몇 차례 있었다. 그 결과 후생 노동성이 소극적이 되어 백신의 종류를 가급적 줄이려고 하는 것인지도 모른다. 즉, 백신의 종류를 늘리면 부작용이 발생할 경우 고소를 당한다. 이것을 우려하다 백신 행정이 세계적으로 뒤처져

버렸을 가능성이 있다.

백신에는 반드시 부작용이 따른다. 불활성화 백신도 부작용이 전혀 없다고는 단언할 수 없다. 대부분은 장점에 비해 단점이 적을 경우, 즉 부작용이 적을 경우 백신이 도입된다. 그런데 부작용이 나타났을 때 후생 노동성이 고소를 당해 배상 명령이 떨어지고 그 백신을 도입한 당사자도 좌천되었던 것이다. 그런 일련의 사태를 겪은 정부가 백신의 도입에 신중해진 것인지도 모른다.

그리고 어쩌면 이것이 실질적인 이유일 수도 있는데, 외국에서는 불활성화 백신이 실용화된 상태이기 때문에 그것을 수입하면 일본의 제약 회사가 돈을 벌지 못할 수 있다. 따라서 일본의 제약 회사가 불활성화 백신 제조를 시작하기까지는 불활성화 백신을 도입하지 않는다는 정책을 고수했을 가능성도 있다.

늦었지만 후생 노동성이 제약 회사에 요청해 드디어 일본에서도 4종 혼합 백신이 개발되었다. 말하자면 디프테리아, 백일해, 파상풍, 폴리오 4가지를 모두 예방하는 혼합 백신이다. 2012년 현재는 아직 승인을 기다리고 있지만 조만간 이것이 폴리오 생백신을 대체할 것이다.

이것은 비단 소아 접종에만 해당하는 이야기가 아니다. 현재 일본에서는 자신의 과학·의학 지식을 바탕으로 예방 접종을 해야 하는 실정이다. 정부에 맡기기만 해서는 소중한 가족을 지킬 수 없기 때문이다. 다른 나라의 상황도 조사한 다음 믿을 수 있는 의사와 상담하는 편이 좋을 것이다.

어린 딸의 모습을 볼 때마다 '국가의 정책적 실수 탓에 이 아이의 손발이 마비되었다면 어쩔 뻔했을까'라는 생각에 가슴을 쓸어내린다. 이번 일을 계기로 국가의 실책이 얼마나 무서운 일인지 새삼 깨닫게 되었다.

Part 3

우주와 관련된
무서운 이야기

UNIVERSE

우주복을 입지 않고
우주 공간을 헤엄치면
어떻게 될까

인간이 우주 공간에서 살 수 없는 이유

만약 우주 비행사가 우주복을 입지 않은 채로 우주 공간을 헤엄친다면 어떻게 될까? 아서 C. 클라크(Arthur Charles Clarke, 1917~2008)의 소설이 원작이고 스탠리 큐브릭(Stanley Kubrick, 1928~1999) 감독이 만든 영화 〈2001년 스페이스 오디세이〉에는 실제로 그런 장면이 나온다. 주인공은 인공 지능 HAL의 계략으로 우주 유영을 하게 된다. 본 적이 있는지 모르지만, 그런 일이 정말로 가능할까? 현실성을 중시하는 큐브릭 감독이 관객들을 상대로 속임수를 썼다고는 생각하기 어려우니 역시 가능한 것일까?

또 SF 영화인 〈토탈리콜〉에는 우주는 아니지만 화성 표면에 내동댕이쳐진 주인공의 얼굴이 부풀어오르고 눈알이 튀어나오려고 하는 장면이 등장한다. 화성은 대기가 희박해 기압이 낮다는 것이 그런 장면이 연출된 이유인데, 그렇다면 거의 진공 상태인 우주 공간에서는 틀림없이 순식간에 눈알이 튀어나오고 몸도 파열될 것이다. 도대체 어느 영화가 옳을까?

그러면 과학적으로 생각해보자. 우주 비행사가 어떤 이유로든 우주 정거장에서 밖으로 나오면 당연히 금방 죽는다. 그렇다면 어떤 식으로 죽을까? 그리고 사인은 무엇일까? 여기에는 몇 가지 설이 있다.

첫 번째 설, 우주 공간은 진공이므로 몸이 파열되어 죽는다.

두 번째 설, 우주 공간은 섭씨 영하 270도의 추운 곳이므로 얼어 죽는다.

세 번째 설, 우주 공간은 공기가 없으므로 질식해서 죽는다.

독자 여러분은 무엇이 정답이라고 생각하는가?

답은 세 번째 설의 질식사다. 우주 공간은 진공이므로 우주복을 입지 않고 나가면 폐 속의 공기가 팽창해 손상을 입는다. 그러나 그래도 바로 죽지는 않는다. 또 인간의 피부는 꽤 질기기 때문에 진공 속에 들어가도 피부가 버텨줘서 파열하지 않는다. 그렇다면 얼지 않는 이유는 무엇일까? 분명히 우주의 온도는 섭씨 영하 270도이지만, 우리가 춥다고 느끼려면 공기를 통해 열이 도망가야 한다. 그런데 공기가 없는 진공에서는 열이 잘 전달되지 않기 때문에 그렇게 쉽게 추워지지 않는다. 즉, 열을 빼앗는 전도 물질이 없다는 말이다.

그렇다면 결국은 공기가 없어서 2분 정도 뒤에 질식해 죽는다는 결론이 나온다. 질식해서 죽으면 그후에 서서히 몸이 차가워지며 팽창도 할 것이다. 다만 인간을 대상으로 이런 실험을 할 수는 없으므로 실제로 검증은 불가능하다. 미국항공우주국(NASA)의 이론 연구와 동물 실험에서는 맨몸으로 우주 공간에 나가면 폐가 부풀어 손상을 입으며 그 뒤에 급격한 압력 감소로 잠수병에 걸린다는 사실이 밝혀졌다.

또 혈액 속에 기포가 생겨 끓는다는 설도 있는데, 단시간에는 끓지 않으며 피부도 갈기갈기 찢어지지는 않는다. 결과적으로 공기가 없는 것이 치명타가 된다는 말이다.

따라서 영화 〈2001년 스페이스 오디세이〉에 나오는 장면 정도의 짧은 시간이라면 문제가 없다고 할 수 있다. 역시 큐브릭 감독은 과학적이고 현실적인 영화를 만든 것이다. 애초에 원작이 현실적이라고 말해야 할지 모르지만, 영상의 치밀함에도 그저 감탄할 뿐이다.

다만 우주 공간에서는 입을 벌리지 않는 편이 좋을 것이다. 침이 끓을(비등할) 위험이 있다. 눈도 마찬가지여서, 눈물이 증발한다. 눈을 감고 입도 다물며 숨을 멈추면 100미터 정도의 거리는 점프해서 도달할 수 있지 않을까?

또 우주 공간에서 가장 무서운 것은 태양의 직사광선인지도 모른다. 태양에서 대량의 우주선(宇宙線)이 날아온다. 우주선은 감마선 등이 포함된 방사선이다. 요컨대 강한 방사선이 날아오므로 피부나 눈에 해를 입는다. 어디까지나 상상이지만 우주복을 입지 않은 채 우주선 밖으로 나왔는데 해치(우주선의 문)가 고장 나열리지 않을 경우, NASA의 연구 결과를 믿는다면 2분 정도는 살아남을 수 있으므로 그 안에 다른 해치를 찾아 들어가면 살 수 있을지도 모른다.

입을 쩍 벌리고
우주 비행사를 기다리는
함정, 블랙홀

블랙홀은 어떻게 탄생했을까

우주에서 무서운 존재라고 하면 역시 블랙홀일 것이다. 블랙홀은 별의 최후다. 태양보다 훨씬 무거운 별이 연료를 전부 태우고 초신성 폭발을 일으켜 산산조각이 나서 날아간 뒤에 열린 '시공의 구멍'이 블랙홀이다. 이 블랙홀이 왜 무서운지 설명하기 전에 별이 연료를 다 태우고 블랙홀이 되는 과정을 간단히 살펴보자.

별의 내부는 '용광로'와 같은 상태다. 그곳에서는 먼저 가장 가벼운 수소를 태우고, 수소가 다 떨어지면 다음에는 헬륨을 태우는 식으로 점차 연료를 바꿔나간다. 용광로라고는 했지만 우리가 생각하는 제철소와는 상당히 다르며, '태운다'는 말도 비유적인 표현이다. 별의 용광로에서 일어나는 반응을 핵융합이라고 한다. 지구상에서는 아직 핵융합로가 실용화되지 않았는데, 쉽게 말하면 태양이 빛을 내는 원리가 바로 핵융합이다. 작은 원자핵끼리 융합해 다른 커다란 원자핵이 될 때 에너지가 남아돌아 밖으로 방출된다.

핵융합의 원리는 아인슈타인(Albert Einstein, 1879~1955)의 'E=mc²'이라는 식이다. 'E=mc²'은 뉴턴(Isaac Newton, 1643~1721)의 'F=ma'와 함께 가장 유명한 식이다. 이 식에서 'E'는 에너지이고 'm'은 질량이다. 질량은 무게라고 생각해도 무방하다. 다만 달에 가면 질량은 변하지 않지만 무게는 6분의 1이 된다(과학에서는 정확한 용어를 사용해야 하지만, 너무 철저히 하면 점점 무서워지므로 이 책에서는 용어를 융통성 있게 사용했다). 그리고 'c'는 빛의 속도다. 빛의 속도는 초속 30만 킬로미터, 다른 단위로 표현하면 마하(음속) 90만이다.

과학을 공부하는 학생이 이 수식이 인쇄된 티셔츠를 입고 다니는 모습을 종종 보는데, 사실 이것은 상당히 무시무시한 수식이다. 예를 들어 무게가 1그램인 물질이 전부 'E=에너지'로 전환된다면 여기에 'c'의 제곱이라는 비례 상수가 곱해지므로 단 1그램만으로도 막대한 에너지가 생성되기 때문이다. 무서운 것은 이 '막대함'이다. 핵융합에서는 작은 핵끼리 융합할 때 질량이 줄어든다. 즉, 사라진다. 그러나 완전히 없어지는 것은 아니며 'E', 그러니까 에너지의 형태로 주위에 방출된다. 아인슈타인의 식에 따라 핵융합에서 에너지가 나오는 것이다. 다만 핵융합으로 에너지를 방출할 수 있는 것은 철까지다. 가벼운 원소부터 타기 시작해 이른 단계에서 폭발할 때도 있지만, 그러지 않고 가벼운 원소를 전부 태우면 최종적으로 철의 '연소 가스'가 남는다. 철까지 가면 그 이상은 에너지를 빼내지 못한다. 연료를 다 태웠으므로 별은 이제 빛을 내지 못하고 죽는다.

에너지를 전부 다 쓰면 내부에서 에너지가 나오지 않게 된다. 별이 밝게 빛을 내고 있을 때는 내부에서 핵융합에 따른 에너지가 주위에 방출되므로 압력이 동반된다. 풍선을 부풀리는 헬륨의 압력이 주위의 공기압을 이기는 것과 같은 이미지다. 풍선은 헬륨의 압력이 사라지면 공기압 때문에 오그라든다. 이와 마찬가지로 별도 빛을 잃으면 자신의 중력 때문에 쪼그라든다. 이것도 상상해보면 무서운 광경이다.

예를 들어 지구의 지면이 일제히 무너져 나락으로 떨어지는 장면을 상상해보자. 이 얼마나 무서운 상황인가? 다음에는 태양의 표면에서 위와 같은 붕괴가 일어난다고 상상해보자. 그리고 태양보다 10배 또는 1,000배 무거운 거대한 별의 표면이 중력에 붕괴되는 모습을 상상해보자. 이런 것이 바로 우주 규모의 공포가 아닐까?(참고로 지구나 태양은 가볍기 때문에 중력 붕괴를 일으키지 않으니 안심해도 된다.)

별이 쪼그라들면 원자도 작게 찌부러진다. 그리고 최종적으로 작아지면 어느 시점에서 다시 팽창한다. 아무리 찌부러트려도 원자핵 부분은 딱딱하기 때문에, 아이가 솜사탕을 아무리 힘껏 쥐어도 제로가 되지는 않듯이 어느 시점에 반동으로 팽창하는 것이다. 이 반발이 초신성 폭발이다. 초신성 폭발은 평소 밝기의 수억 배에 이를 만큼 매우 밝아서 고려와 송나라, 일본 헤이안 시대 말기의 기록에도 등장할 정도였다. 초신성 폭발에는 여러 종류가 있으며, 지금 이야기한 시나리오는 그중 하나에 불과하다.

들어가면 나올 수 없는 '사상(事象)의 지평선'

블랙홀은 그 초신성 폭발 후에 탄생한다. 시공에 구멍이 뻥 뚫린 상태다. 어마어마하게 무거운 물체가 아주 좁은 곳에 집중된 결과 구멍이 뚫렸다고 생각하면 된다. 가령 송곳으로 한 점에 힘을 집중하면 목재에 구멍이 뚫리는데, 바로 그런 이미지다. 시공의 한 점에 에너지가 집중되어 구멍이 뚫린 것이다.

블랙홀의 주위에는 '사상(事象)의 지평선(Event Horizon)'이라는 것이 있다. 사상의 지평선은 그곳에서 한 발이라도 안으로 들어간 순간 절대 나올 수 없는 경계면이다. 별의 표면과 마찬가지로 블랙홀에도 표면이 있다. 별의 표면은 다양한 물질이 뭉쳐져 지면을 이루며 대기에도 층이나 표면이 있는데, 블랙홀의 경우도 '눈에 보이지 않는 표면'이 있다. 이것이 사상의 지평선이다. 눈에 보이지는 않지만 일단 넘으면 두 번 다시 돌아올 수 없다는 의미에서 '우주의 함정'이라고 할 수도 있을지 모른다. 그야말로 '들어가기는 쉽지만 나오기는 불가능한' 곳이다.

게다가 어떤 이유로 그 경계면을 넘어 블랙홀의 내부로 들어가더라도 자신이 표면을 넘어갔는지 알 수가 없다. 가령 우주선을 타고 그곳으로 들어간다면 사상의 지평선을 넘을 때는 아무런 느낌도 받지 못한다. 갑자기 중력이 강해지지도 않는다. 그 경계선은 블랙홀이라는 구멍에서 상당히 멀리 떨어진 곳에 있기 때문이다. 우주 비행사는 그 선(정확히는 면)을 넘었음을 전혀 깨닫지 못한다.

블랙홀은 어떻게 관측할까

SF 영화나 애니메이션을 보면 블랙홀을 커다랗고 검은 구멍으로 표현한다. 애초에 '블랙'이라는 이름의 유래는 '그곳에서는 빛조차 빠져나오지 못하기 때문에' 검게 보인다는 의미다. 검게 보인다는 것은 달리 말해 '보이지 않는다'는 뜻이다.

　그렇다면 우리는 어떻게 블랙홀을 관측할까? 블랙홀에 파트너 별(연성계)이 있다고 가정하자. 서로의 주위를 빙글빙글 돌면서 그 파트너 별로부터 물질을 계속 빨아들인다. 마치 흡혈귀처럼 말이다. 피 대신 물질을 빨아들이기는 하지만……. 블랙홀로 빨려 들어가는 물질은 굉장히 뜨거워져서 엑스선 등을 주위에 방사하는데, 그 엑스선을 포착하면 '별이 빨려 들어가고 있음'을 알 수 있다. 그리고 그 별을 빨아들이고 있는 것의 정체는 '블랙홀'이라고 추정한다. 이와 같이 블랙홀을 직접 볼 수는 없으며 간접적으로 그 존재를 추측할 수 있을 뿐이다. 단, 장기적으로는 빨려 들어가는 가스의 빛을 배경으로 사상의 지평선의 '실루엣'이 직접적으로 보이게 될지도 모른다.

　미래에 머나먼 우주로 여행을 떠난 우주 비행사의 경우를 생각해보자. 만약 우주 지도에 블랙홀이 표시되어 있다면 피할 수 있을 것이다. 그러나 우주의 모든 블랙홀이 우주 지도에 표시되어 있다는 보장은 없다. 지구에서도 '지도에 실려 있지 않은 섬'을 발견하곤 하지 않는가?

　블랙홀의 존재를 모른다면 자기도 모르는 사이에 '사상의 지평선'을 넘을 수 있다. 그리고 얼마 후 '뭔가 이상한데?'라고 깨닫는다. 그러나 우주선의 방향을 바꾸려 해도 바꿀 수가 없다. 방향을 바꿔 오던 길로 되돌아가려고 해도 안쪽으로 빨려 들어갈 뿐 되돌아갈 수 없는 것이다. 자신도 모르는 사이에 사상의 지평선을 넘어버렸음을 알았을 때, 우주 비행사는 틀림없이 공포의 단계를 넘어 절망을 느낄 것이다. '젠장, 이제는 지구에 있는 가족과 친구도 만나지 못할 뿐만 아니라 블랙홀에 빠졌다는 소식조차 전할 수가 없구나'라고 생각할 것이다. 통신 전파는 빛의 일종이므로 블랙홀 밖으로 빠져나가지 못하기 때문이다.

비유를 들면 폭포로 떨어지는 보트와 같다. 강의 하류에 폭포가 있다. 폭포 주변에서는 물살이 급속히 빨라진다. 보트에 타고 있을 경우, 어느 지점까지는 전속력으로 스크루를 돌리면 되돌아갈 수 있지만 특정한 '선'을 넘으면 결국 폭포에 집어삼켜질 수밖에 없다. 블랙홀의 사상의 지평선은 이 선과 같다. '이 선을 넘으면 위험합니다'라는 경고판이 있으면 좋겠지만 그런 것은 어디에도 없다. 입을 쩍 벌리고 우주 비행사를 기다리는 함정, 이것이 블랙홀이다.

스파게티 인간의 공포

지금까지의 이야기가 별로 무섭지 않은 사람은 '하지만

원래의 세계로 돌아가지 못할 뿐 죽는 것은 아니니까 그렇게까지 나쁜 건 아니잖아?'라고 여유롭게 생각할지도 모른다. 그러나 블랙홀에는 더욱 무서운 비밀이 숨겨져 있다.

블랙홀 속은 어떻게 되어 있을까? 사실 아직 정확히는 알지 못한다. 그러나 '사상의 지평선'을 넘어 블랙홀에 들어간 우주 비행사가 어떻게 될지 이론적으로 계산한 연구자가 있다. 사상의 지평선을 넘은 직후에는 아직 중력이 그다지 강하지 않으므로 우주선도 기존의 형태를 유지한다. 그러나 방향을 바꿔 전속력으로 로켓을 분사해도 점점 중심으로 빨려 들어간다. 그리고 중심에 가까워질수록 중력이 강해진다.

그렇게 되면 우주선에는 거인이 힘껏 움켜쥔 것 같은 힘이 작용한다. 이것을 '조석력(潮汐力)'이라고 부른다. 조석력은 천체가 가까이 있을 때 반드시 작용하는 힘으로, 원래는 지구의 바다가 달의 영향으로 부푸는 힘을 의미한다. 지구에서는 달이 향하고 있는 부분의 해면이 올라오는데, 달과 반대쪽의 해면도 함께 올라온다. 이것이 조석력의 특징이다. 즉 지구를 힘껏 움켜쥐었을 때 엄지손가락 쪽과 새끼손가락 쪽의 틈에서 물질이 새어나오는 것 같은 힘이 조석력이다.

얼마 전에 슈메이커-레비 혜성이 목성 근처를 지나가다 분열되는 사건이 있었다. 커다란 천체의 근처를 작은 운석이 통과했기 때문에 조석력에 으스러진 것이다. 블랙홀의 경우도 중심부에 가까워지면 조석력이 매우 강해진다.

블랙홀 속에 들어간 우주선의 말로는 정말 비참하다. 조석력에 눌려 앞뒤로 길쭉해진다. 최종적으로는 분자 수준까지 눌려서 스파게티처럼 길쭉해진다. 우주선과 인간을 구성하던 분자가 긴 염주처럼 되고, 마침내는 스파게티 모양이 되어 블랙홀의 중심으로 빨려 들어간다.

블랙홀의 중심이 어떻게 되어 있는지는 알 수 없다. 그러나 '특이점'이라는 것이 있다고 한다. 특이점은 에너지나 온도가 무한대가 되어 물리 법칙이 통용되지 않는 이상한(특이한) 점을 가리킨다. 이것은 달리 말해 '어떻게 될지 알 수 없다'는 의미다. 다만 특이점은 어디까지나 수학적, 물리적으로 예측된 것일 뿐 존재하지 않을 가능성도 있다.

또 블랙홀의 한가운데는 다른 우주와 연결되어 있을 것이라는 설도 있다. 만약 다른 우주와 연결되어 있다면 기묘한 그림이 완성된다. 오른쪽의 그림을 보기 바란다. 블랙홀을 구멍이라고 생각했을 때, 그 구멍의 제일 밑바닥으로 가면 관이 뻗어 나오고① 찢어져서② '우주'가 분리된다. 맨 위에는 우리의 우주가 있고, 구멍에서 길게 뻗은 블랙홀의 관이 있으며, 관이 찢어지면 다른 우주가 펼쳐진다. 이 다른 우주가 펼쳐지는 모습이 '빅뱅'이라는

◆블랙홀에서 우주가 탄생한다?

① 블랙홀 속에서 관이 생기고……

② 바닥 부분이 찢어져 다른 우주가 된다

[참고] http://revolution.groeschen.com/2009/05/15/birth-of-a-universe.aspx]

설도 있다. 이 우주에는 '자우주(子宇宙)'라는 이름이 붙어 있다. 말 그대로 자식 우주(Child universe)다. 즉 분자의 스파게티가 된 우리의 몸과 우주선은 다시 다른 우주 속에서 빅뱅을 통해 순수한 에너지가 되어 방출될 가능성도 있다는 말인데, 이쯤 되면 무서운 이야기인지 낭만적인 이야기인지 분간할 수가 없다.

인공적으로도 블랙홀을 만들 수 있다?

지금까지의 설명은 이론적인 가설에 불과하다. 블랙홀을 탐험한 사람이 없는 이상 진짜 모습은 아무도 모른다. 게다가 탐험을 하더라도 돌아올 수가 없다. 설령 인간 대신 관측 장치를 블랙홀에 보내더라도 관측 장치가 보내는 전파가 블랙홀을 빠져나오지 못하기 때문에 블랙홀 속이 어떻게 되어 있는지 알 도리가 없다.

그런데 앞으로 과학이 진보하면 블랙홀을 인공적으로 만들 수 있을 것으로 생각한다. 블랙홀은 시공의 한 점에 커다란 에너지를 집중시키면 만들 수 있으므로 그리 어려운 일은 아니다. 프랑스와 스위스의 국경에 위치한 유럽원자핵공동연구소(CERN)에는 대형 강압자 충돌기(LHC, Large Hardron Dollider)가 있다. 여기에서는 길이가 약 27킬로미터에 이르는 터널 속에서 양성자를 광속의

99.9999퍼센트 정도의 속도로 가속시켜 충돌시키고 있는데, 이렇게 하면 작은 블랙홀이 생긴다는 이야기가 있다. 다만 그 블랙홀은 너무나 작기 때문에 순식간에 소멸된다고 한다. 이것은 그 유명한 물리학자 스티브 호킹(Stephen William Hawking) 박사가 이야기한 것으로 블랙홀은 오랜 시간이 지나면 증발한다.

블랙홀의 주위에 있는 사상의 지평선에서는 방사선이 아주 조금씩 새어나온다. 이것은 '양자 역학' 분야의 계산이 되는데, 호킹 박사의 이름을 따서 '호킹 방사(Hawking Radiation)'라는 이름이 붙었다. 주위에 에너지를 방사한다는 것은 에너지가 줄어든다는 의미다. 에너지가 줄어들면 블랙홀은 작아지며, 결국 사라진다. 작은 블랙홀은 단시간에 사라져버린다.

만약 호킹 방사가 없다면 지상의 실험실에서 만들어진 블랙홀은 '빨아들이기만 할' 것이다. 그러면 작은 구멍은 점점 커져서 먼저 연구실 건물과 인간을 빨아들이고, 더욱 커져서 스위스와 프랑스를 빨아들이며, 나중에는 지구를 집어삼킬지도 모른다. 그렇게 된다면 상당히 무서운 일이 아닐 수 없다. 그러나 호킹 방사의 메커니즘이 제대로 작용한다면 그런 비극은 일어나지 않는다. 물리학자들은 대부분 호킹 방사가 존재한다고 생각하기 때문에 설령 미니 블랙홀이 만들어지더라도 주위를 빨아들이기 전에 자연 소멸한다고 주장한다.

다만 이것을 믿지 않는 사람도 있는 듯해서, 미국의 하와이 주에서는 소송을 제기한 사람이 있었다. 미국의 전직 원자력 보안 검사관이 "일단 작은 블랙홀이 만들어지면 지구를 빨아들일 가능성이 있다. 그런 실험은 당장 중지해야 한다"라고 주장하며 법원에 실험 중지를 요청한 것이다. 그러나 재판은 "CERN의 계산 결과는 신용할 수 있다. 설령 블랙홀이 생기더라도 호킹 방사로 소멸될 것이니 걱정할 필요 없다"라는 결론으로 막을 내렸다.

다만 '만에 하나 어떤 이유로 호킹 방사가 일어나지 않는다면……'이라는 일말의 불안감이 남는 것도 사실이다.

우리 은하계의 중심에 있는 블랙홀

블랙홀은 수식으로 기술할 수 있다. 블랙홀의 무게를 알면 블랙홀이 소멸하기까지의 시간도 계산할 수 있다. 무거울수록 소멸하기까지 시간이 오래 걸린다. 그러므로 어느 정도 큰 '떠돌이 블랙홀' 같은 것이 은하계를 이동하다가 태양계로 온다면 큰일이다. 이런 것들은 소멸하기까지 수억에서 수십억 년이 걸리므로 위험한 상황이다.

하지만 커다란 블랙홀은 태양보다 훨씬 무겁기 때문에 가까이 온다면 그 영향이 없을 수 없다. 따라서 천문 관측으로 사전에 알 수 있을 것이다. 또 블랙홀과 가까워진 천체가 자동차 경주의 헤어핀 커브(U자 모양의 급커브)처럼 방향을 획 바꿔 멀어지는 일도 많으므로 반드시 빨려 들어가는 것은 아니다.

그런데 블랙홀은 우리가 사는 은하계의 한가운데에도 있다. 이 블랙홀은 질량이 태양의 수백 배나 된다. 너무나 거대해서 그 크기도 중력의 세기도 상상이 되지 않는다. 이 거대 블랙홀은 주위에 있는 별에 위협적인 존재이지만, 태양계는 블랙홀로부터 멀리 떨어진 은하계의 끝부분에 위치하고 있으므로 그 영향을 직접 받는 일은 없으니 안심해도 좋다. 그보다는 태양계로 직진해오는 떠돌이 블랙홀이 더 무서운 존재일 것이다.

은하와 은하의 충돌?

은하 규모의 무서운 이야기를 조금 더 해보자. 우리가 사는 은하계의 옆에는 안드로메다 은하가 있다. 우리 은하와 안드로메다 은하는 중력으로 연결되어 있어서 두 은하의 거리가 가까워지고 있다. 그리고 미래의 어느 시점에는 서로 부딪치게 될 것이다. 접근 속도는 초속 약 300킬로미터로, 30억 년 정도가 지나면 두 은하는 충돌한다는 계산이 나온다.

'뭐? 우리 은하가 이웃 은하와 충돌한다고?' 그렇다. 물론 여러분이나 내가 그 현장을 목격할 일은 없지만, 두 은하는 거의 확실히 충돌한다. 그 시대까지 인류가 살아남아 있을지는 알 수 없지만······.

다만 은하끼리 충돌하더라도 별끼리는 거의 충돌하지 않는다. 은하의 사진을 보면 수많은 별이 밀집해 있는 것처럼 보이지만 실제로는 텅텅 비어 있다. 따라서 은하끼리 충돌하더라도 그 은하를 구성하고 있는 별끼리 부딪히는 일은 거의 없다. 정권 교체라는 국가적인 큰 변화가 일어나도 국민 개개인의 생활은 별로 달라지지 않는 것과 비슷하다고 해야 할까? 다만 은하의 모양이 지금의 소용돌이 은하에서 타원 은하로 바뀌는 등 은하 차원의 '재구성'은 일어날 것이다.

은하끼리 융합하면 중심에 있는 거대 블랙홀끼리도 융합해 더욱 구멍이 커질 가능성이 있다. 우주는 사실 거대 블랙홀투성이다. 곳곳에 거대해진 블랙홀이 있다. 다만 거대 블랙홀의 주위에 별이 모여들어 은하가 된 것인지, 왜 거대 블랙홀이 만들어졌는지 등의 의문점은 아직 해명되지 않았다.

은하 충돌 이야기는 언뜻 무서운 것 같지만 실제로는 그다지 무섭지 않은 이야기라고 할 수 있다.

지구와 비슷한 다섯 행성

현재 케플러 우주 망원경이 태양계 밖에 존재하는 행성을
관측하고 있다. 이 망원경은 미국의 NASA가 쏘아올린 것으로,
지구가 태양을 도는 궤도를 뒤따르듯이 날고 있다. 케플러 우주
망원경이 태양계 밖의 지구형 행성을 관측한 결과, 2011년 2월
현재 태양계 외의 지구형 행성을 54개나 발견했다. 생명이 있을
가능성이 있는 별이 54개라는 말이다. 그리고 생명체 거주 가능
영역에 존재하는 행성도 발견되기 시작했다(발견 속도가 너무 빨라서
이 원고를 쓰고 있는 동안에도 상황이 시시각각으로 변하고 있다).

태양 주위의 생명체 거주 가능 영역은 지구뿐이다. 수성과 금성은 태양과 너무 가까운 탓에 물이 수증기가 되어버린다. 화성은 태양에서 멀어서 물이 얼어버린다. 지구와 같이 물이 액체 상태로 존재해 생명이 자라날 수 있는, 항성으로부터 적당히 떨어진 거리를 생명체 거주 가능 영역이라고 부른다. 이름 그대로 생물이 살 수 있는 장소라는 의미다. 요컨대 태양계 밖의 지구형 행성은 지구와 매우 환경이 비슷하다. 따라서 태양계 밖에 생명체가 있을 확률이 높아졌다.

이 이야기를 들으면 흥분과 기대감에 가슴이 두근거리는 사람이 많지 않을까 싶다. 그런데 이것이 무서운 일이라고 주장하는 과학자가 있다. 바로 스티븐 호킹 박사다. 그의 주장은 이렇다. 어떤 혹성에 실제로 생명체가 있다고 가정하자. 그것도 여러 가지 기계를 만들어낼 수 있는 고등 생물이다. 이 경우, 그들의 문명도가 우리보다 낮을 것이라는 보장은 전혀 없다. 어쩌면 우리보다 문명이 압도적으로 발달했을 수도 있다. 만약 그렇다면 그들은 인류가 알지 못하는 과학기술을 활용해 우주를 멀리까지 여행할 수 있는 방법을 이미 확립했을지도 모른다. 또 그 정도로 문명이 발달했다면 아마도 강력한 파괴 병기를 보유하고 있을 것이다.

어떤가? 이야기가 점점 무서워지지 않는가?

지구가 외계인에게 지배당할 가능성

그들이 지구를 찾아오면 어떻게 될까? 과거의 역사를 돌이켜보면 앞선 문명(앞선 문명의 기준은 다양하지만, 여기에서는 과학기술을 구사해 만든 무기의 수준이라고 생각하자)은 그보다 문명이 뒤떨어진 나라를 발견하면 거의 틀림없이 정복 대상으로 삼았다. 남아메리카에서 스페인이 그랬고, 아프리카 대륙에서 수많은 사람을 노예로 쓰기 위해 잡아갔던 선례도 있다. 지구의 역사를 살펴보면 앞선 문명의 나라가 올바른 윤리관을 가지고 과학기술이 뒤떨어진 나라에 가서 그 나라와 공존 공영하는 일은 없었다. 대부분의 경우 군사적 혹은 경제적으로 상대를 지배했다.

지구에서 일어난 일을 우주 규모로 확장해 생각하면 외계인의 문명도가 높을 경우 지구는 정복의 대상이 된다. 보이저 등의 탐사선에 "우리는 이곳에 있습니다"라는 메시지를 담아 우주에 보내고 있는데, 이것이 과연 적절한 행동인지는 알 수 없다. 지구에서 발신한 메시지를 받고 거기에 적혀 있는 암호를 해독할 수 있을 정도의 문명이라면 아마도 지구를 찾아올 수 있을 것이다. 그리고 메시지를 해독해서 지구를 찾아올 수 있다면 그들의 문명은 우리보다 앞서 있다고 봐도 무방하다.

반대로 생각해보자. 외계인이 지구를 향해 메시지를 보냈을 때 우리가 그것을 회수할 수 있을까? 거의 불가능하다. 현재 지구 주위에 인류가 머무르고 있는 공간은 우주 정거장뿐이기 때문이다. 국제 우주 정거장에 몇 명이 있을 뿐이다. 우주의 어딘가에서 날아온 탐사선이 운 좋게 그 우주 정거장으로, 그것도 적당한 속도로 접근할 가능성은 거의 생각하기 어렵다. 확률적으로 너무 낮다. 요컨대 우리가 보내는 메시지를 우주 공간에서 회수하고 분석할 수 있는 문명이라면 지구보다 문명이 훨씬 앞서 있다고 추측할 수 있다. 그렇다면 지구는 당연히 그들에게 지배당하지 않을까? 나는 스티븐 호킹 박사가 '무서운 일'이라고 말한 것이 바로 그런 이유 때문이라고 생각한다.

자칫하면 우리가 외계인의 노예가 되거나 최악의 경우 식량이 될 가능성도 있지만, 많은 사람이 외계인과의 만남을 낭만적으로 생각할 뿐 호킹 박사처럼 현실적으로 생각하지는 못하는 듯하다. 현실적인 감각이란 곧 두려움을 느끼는 감각이다.

우주의 터널, 웜홀을 통해 지구로 찾아온다면

케플러 망원경이 발견한 먼 행성에 빛(전파)을 보낸다고 가정하자. 예를 들어 '케플러-22b'라는 행성은 크기가 지구의 2.4배이고 생명체 거주 가능 영역에 있으며 지구와는 600광년 떨어져 있다. 빛의 속도로 날아가면 600년이 걸린다는 뜻이다. 인류의 현재 과학기술 수준으로는 아무리 빨라도 600년 뒤에야 연락이 닿는다는 이야기인데, 케플러-22b 성인(星人, 일단 이렇게 부르기로 하자)의 기술력이 인류보다 우수하다면 현재 우리로서는 상상할 수 없는 어떤 통신 수단을 가지고 있을지도 모른다.

여기부터는 정말로 공상 과학의 세계인데, 가장 무서운 것은 그들이 우주에 터널을 파는 기술을 가지고 있을 경우다. 통상적인 방법으로는 빛의 속도로 날아도 600년이 걸리지만, 그들이 지름길을 만드는 방법을 개발했다면 문제가 커진다. 그 방법은 터널, 즉 웜홀(Wormhole)이다. 웜홀은 우주의 벌레구멍으로, 이론적으로는 존재한다고 알려져 있다. 이것은 블랙홀과 같은 것인데, 우주 속의 A지점에서 B지점을 연결하는 터널이다. 그들이 웜홀을 파는 기술을 가지고 있어서 우리가 보낸 전파를 받고 몇 년 뒤에 지구를 찾아온다면……. 참으로 무서운 일이다.

상대의 문명 수준이 높으면 우리는 동물원에서 사육당하는 동물 같은 존재가 될 수도 있다. 그들이 무슨 짓을 하더라도 막을 수 없을 것이다. 갇히거나 인체 실험을 당할 가능성도 있다. 어쩌면 맛있는 음식으로 취급받아 외계인의 식탁에 오를지도 모른다. 생각만 해도 소름끼치는 일이 아닌가!

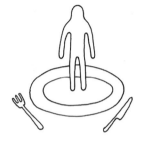

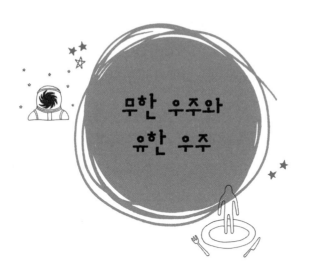

무한 우주와 유한 우주

우주는 무한히 계속될까

어린 시절에 우주가 무한히 크다는 이야기를 들었을 때 여러분은 어떤 생각이 들었는가? "우주는 무한히 크단다. 아무리 앞으로 나아가도 끝이 없지"라는 설명을 부모님이나 선생님에게 들었을 때 왠지 모를 두려움을 느낀 사람이 많았을 것이다. 인간은 자신이 모르는 것, 본 적이 없는 것이 계속될 때 두려움을 느낀다.

삼면경이라는 거울이 있다. 정면과 좌우에 거울이 있는 경대다. 삼면경 안에 얼굴을 집어넣고 좌우 거울을 닫으면 빛이 계속 반사하며 좌우 거울에 자신의 얼굴이 무한히 비친다. 엄밀히 말하면 무한 반사는 아니지만, 무한이 아닐까 싶을 정도로 자신의 얼굴이 점점 작아지며 계속해서 비친다. 이것도 무한 속에 숨어 있는 공포다. 일본의 추리 소설가 에도가와 란포(江戸川乱歩, 1894~1965)의 『거울 지옥(鏡地獄)』이라는 작품이 있다. 거울에 매료된 사내가 거울로 뒤덮인 구체(球體) 안에 들어갔다가 미쳐버린다는 무서운 소설이다.

또 브라이언 그린(Brian Greene)이라는 컬럼비아 대학의 교수가 쓴 『멀티 유니버스 : 우리의 우주는 유일한가?』(박병철 옮김, 김영사)라는 책에는 다양한 다중 우주, 평행 우주가 소개되어 있는데, 그중에 '패치워크 퀼트 우주'라는 가설이 있다. 패치워크 퀼트란 여러 가지 조각의 천을 기워 붙여서 만든 작품이나 그렇게 하는 작업을 말한다. 그렇다면 패치워크 퀼트 우주란 무슨 의미일까?

만약 우주가 무한히 크다면 우리가 관측할 수 있는 범위, 즉 빛이 닿는 범위는 한계가 있다. 빛은 매초 30만 킬로미터의 속도로 날아가는데, 우주의 나이는 137억 년이다. 그리고 137억 년에 걸쳐 빛이 나아갈 수 있는 거리는 137억 광년이다. 즉, 원리적으로는 그 거리까지밖에 볼 수 없다는 말이다. 현재 지구에는 137억 년 전의 빛이 도달하고 있다. 그런데 우주가 무한히 크다면 그 너머의 우주는 절대 관측할 수 없는 셈이 된다(우주는 무서운 기세로 팽창하고 있어서, 반지름이 400억 광년 이상이라고 한다).

 ## 이 우주의 어딘가에 나의 화신이 있다!?

빛은 분명히 137억 년이 걸려 지구에 도달했지만, 그 빛이 출발한 뒤에도 빛을 발한 장소는 점점 팽창해 멀어지고 있다. 그 거리를 재면 반지름이 대략 470억 광년 정도. 그런데 아마도 그곳이 끝이 아닐 것이다. 빛을 발한 곳을 중심으로 생각하면 반지름 470억광년 정도의 넓이가 패치워크 퀼트 우주의 한 영역이며, 그런 영역이 무한히 많은 것이 우주의 모습이 아닐까 하는 것이 패치워크 퀼트 우주 가설이다.

그렇다면 우리와 똑같은, 즉 지구와 완전히 똑같은 곳이 어딘가에 존재할 가능성이 있다. 무한한 패턴이 있다는 것은 그런 의미다. 패턴은 곧 분자의 배열이다. 인간의 몸도 지구도 분자로 구성되어 있으므로 그 배열은 유한하다. 우주가 무한히 크고 거기에 무한히 많은 별이 있다면 이 지구와 똑같은 분자 배열, 혹은 나 자신과 똑같은 배열도 나타날 것이다. 다시 한 번 말하지만 우주가 무한히 크다면 패턴도 무한히 존재하기 때문이다.

그렇게 생각하면 이 우주의 멀리 떨어진 어느 곳에는 아마도 만날 수는 없겠지만 또 다른 내가 있을지도 모른다. 나와 똑같이 생겼고 목소리까지 똑같은데 아주 나쁜 놈이어서 그 별에서는 살인마일지도 모른다는 생각을 하면 갑자기 무서워진다. 어쩌면 또 다른 나는 나와 달리 왕족처럼 호화롭게 생활하고 있을지도 모르고, 나보다 훨씬 비참한 인생을 살고 있을지도 모른다.

게다가 문제는 그런 나의 '화신'들이 무작위로 분포하고 있다는 점이다. 즉 무조건 절대로 관측할 수 없는 먼 우주에 살고 있다는 보장은 없다. 또 다른 내가 의외로 가까운 곳에 있을지도 모른다는 말이다. 우리가 사는 지구만을 생각해봐도 세상에는 나와 쌍둥이처럼 닮은 사람이 어딘가에 있다는 이야기가 있는데, 우주가 무한히 크다면 거의 확실하게 우주 어딘가에 여러분의 화신이 살고 있다는 결론이 나온다.

우주는 고도의 지적능력을 가진 존재가 만들었다?

무한하지 않은 우주의 이야기도 있다. 우주는 의외로 작지 않을까 하는 가설이다. 물론 작다고 해도 은하가 수천 개, 수만 개는 넉넉히 들어갈 정도의 크기이지만, 그래도 유한하다는 것이다. 이 가설에서는 우주는 유한하며 일종의 기하학적인 모양(다면체 같은)일 것으로 추측한다('푸앵카레 12면체 가설').

이 설에 따르면, 우주의 끝까지 날아간 다음 같은 방향으로 더 나아가면 반대쪽에서 다시 우주로 들어온다. 예를 들면 발코니의 문을 열고 밖으로 나갔더니 순식간에 현관을 통해 다시 집으로 들어오는 식이다. 우주가 기하학적인 모양을 띠고 있으며 유한하다면 어떤 의미에서 우리는 우주에 갇혀 있는 셈이 된다. 인간은 본능적으로 갇히는 것을 두려워한다.

좀 더 나아가 인간은 동물원 우리 안에 있는 것이 아니냐는 발상도 제기되고 있다. 아주 지적인 고등 생물이 있어서 그들이 작은 우주를 만들고 그 속에서 인간을 키우고 있다는 생각이다. 가령 아서 C. 클라크의 소설 『2001년 스페이스 오디세이』를 보면 마지막에 인류를 초월한 존재가 우리를 관찰하는 장면이 나온다. 인류가 이 넓은 우주에서 가장 머리가 좋은 종족이라고는 생각할 수 없다. 오히려 지구의 인류보다 더 진보한 문명이 존재할 가능성도 있는 것이다. 그런 생각이 더 자연스럽다.

지적 능력이 점점 높아진 문명은 나중에 어떻게 될까? 아마 인공적으로 우주를 만들게 될 것이다. 그리고 그 문명에도 과학자는 실험을 할 터이므로 자신의 연구실에 우주를 만들고 천천히 관찰할 것이다. 우리가 사실은 그 속의 실험동물에 불과하다면……. 이것은 조금 상상력이 필요한 공포인지도 모르겠다.

시뮬레이션 우주에서 신이 탄생했다?

지금 이야기한 것과 매우 비슷한 가설로 '시뮬레이션 우주'라는 가설이 있다. 고도로 발달한 문명은 컴퓨터도 고도로 발달했을 것이다. 그 세계에서는 현재의 슈퍼컴퓨터보다 훨씬 처리 속도가 빠르고 메모리도 큰 컴퓨터가 가동되고 있을 것이다. 초고속 컴퓨터가 있으면 많은 일을 할 수 있다. 컴퓨터 게임인 '심시티'나 '심어스'처럼 문명을 시뮬레이트할 수도 있다. 말하자면 궁극의 시뮬레이션이다. 비행훈련 등을 위해 개발된 가상 비행장치인 플라이트 시뮬레이터도 최신 버전은 실제로 하늘을 나는 것에 가까운 수준의 영상과 조작감을 제공한다. 이와 마찬가지로 만약 컴퓨터의 연산 능력이 매우 높아서 지구에서 일어나고 있는 일을 완전히 시뮬레이트할 수 있다면 개개인의 의식도 완전히 시뮬레이트할 수 있게 될 것이다.

다시 말해, 이 우주가 고도의 문명을 지닌 존재의 컴퓨터 속 시뮬레이션이 아님은 아무도 증명할 수 없다는 말이다. 컴퓨터 속에서 DNA의 기능과 똑같은 정보를 설정해놓으면 그 생명은 점점 진화할 것이다. 물리 법칙도 전부 수식으로 나타낼 수 있으므로 사실은 시뮬레이션 속에서 계산되고 있을 뿐이다.

우리의 생활은 거대 컴퓨터 속의 시뮬레이션에 불과한지도 모른다. 이것은 무서운 생각이다. 그 시뮬레이션을 가동하는 사람이 "이제 질렸어"라며 스위치를 끈다면 우리와 우리를 둘러싼 세계는 순식간에 지워질 테니 말이다. 이것은 바로 신의 역할이다. 나는 신이라는 개념이 그런 가능성을 염두에 두는 것이라고 생각한다. 이 세계의 운명을 완전히 쥐고 있는 존재. 그것이 바로 신이다.

신은 이 우주를 끝낼 수 있다. 그러나 그것은 매우 중대한 책임이다. 실수로 코드에 발이 걸려서 전원이 끊어진다면 더는 돌이킬 수 없다. 하다못해 우리에게 두려움에 떨 시간 정도는 준 다음에 천천히 끝내기를 바랄 뿐이다.

Part 4

지구와 관련된
무서운 과학 이야기

북극은 S극? 남극은 N극?

지구에는 북극과 남극이 있다. 그리고 나침반에도 N극과 S극이 있으며, N극이 가리키는 방향은 북극이다. 즉, 북극은 지구라는 '자석(지자기)'의 S극이라는 뜻이다.

'어? 그게 무슨 소리야?'

잘 이해가 안 될지도 모르지만, 생각해보면 당연한 말이다. 자석은 N과 S가 서로를 끌어당긴다. 그러므로 나침반의 N이 끌어당기는 방향은 S극이다. 지구 전체를 자석이라고 생각하면 북극은 S극이고 남극은 N극인 셈이다.

자극(磁極)은 평균 수십만 년 정도의 주기로 역전되며, 이것을 '자극의 역전'이라고 부른다. '평균' 수십만 년이므로 수십만 년 간격으로 반드시 역전되는 것은 아니지만, 현재는 지자기가 계속 감소하고 있으며 이대로 가면 앞으로 약 1,000년 뒤에는 지자기가 제로가 될 것으로 예측되고 있다. 그리고 일단 제로가 된 뒤에는 지자기가 역전된다.

'뭐라고? 그런 이야기는 들은 적 없는데? 정부는 왜 그런 중요한 사실을 발표하지 않는 거야?'

분명히 환경부 같은 곳에서는 대소동이 벌어져도 이상하지 않지만, 인류의 기준으로 1,000년이라는 시간은 아주 먼 미래이므로 정부나 기업 등 '지금'을 살아가는 데 급급한 사람들에게는 그다지 상관없는 이야기인지도 모른다. 다만 '지자기가 제로가 되어 역전된다'는 것은 과학적으로 커다란 사건이다.

지자기는 지구 주위에 자기장을 만들어 우주에서 날아오는 우주선(宇宙線)을 막고 있다. 우주선은 다양한 입자의 총칭으로 거기에는 빛의 친척인 감마선, 엑스선, 전자와 그 친척인 뮤온이라는 입자 등이 포함된다. 우주에서 날아오기 때문에 '우주선'이라고 부르는데, 기본적으로는 '방사선'과 같은 것이라고 생각해도 무방하다. 우주선은 태양에서도 많이 날아온다. 태양풍도 입자의 집합이다. 태양 표면에서 대규모 폭발인 태양 플레어가 일어나면 태양풍 혹은 '태양 폭풍'이 지구를 덮친다.

유해한 입자는 먼 우주에서도 날아온다. 가령 매우 강력한 감마선이 빔의 형태로 날아오는 감마선 폭발이라는 현상이 그런 경우다. 요컨대 지구는 항상 외부로부터 입자의 총공격을 받고 있다는 얘기다.

지자기가 인류를 지켜주고 있다

우주 정거장에 장기 체류하는 우주 비행사는 많은 양의 입자를 몸에 받는다. 이것은 매우 위험한 일이다. 어느 정도의 나이가 되지 않으면 우주 비행사가 되지 못하는 이유가 이 때문이다(그다지 공식적인 이야기는 아니지만). 방사선이 아이나 임산부에게 위험하다는 것은 이제 거의 상식이 되었다.

다만 지구로 날아오는 우주선은 대기권에서 공기 분자와 충돌해 모습을 바꾸거나 소멸되며, 이때 자기장이 다시 한 번 우주선을 막아준다. 즉, 이중 보호막이 지구를 보호하고 있는 것이다. 이 보호막 가운데 공기가 사라질 우려는 없지만, 자기장이 사라지면 알몸이 된 것이나 다름없기 때문에 자외선이 강해져 피부암도 증가할 것이다. 앞으로 1,000년 후에 자기장이 사라져 보호막 중 하나가 없어지면 세포의 핵 속에 들어 있는 DNA의 돌연변이도 전보다 빈번하게 일어나게 될 것이다. 해로운 방사선에 무방비 상태로 노출되는 것이다.

그때 인류는 어떻게 해야 할까? 가령 밖으로 나갈 때는 방호복을 입어야 할지도 모른다. 생물종은 돌연변이를 통해 '진화'하는 측면도 있으므로 지구의 생태계 전체를 생각하면 새로운 진화의 계기가 될 수도 있다. 하지만 그래도 지구 규모의 '진화'를 위해 인류가 전멸하는 것은 역시 달갑지 않은 일이다.

지자기의 역전이 마지막으로 일어난 시기는 지금으로부터 80만 년 전이다.

그러면 지금까지 생물이 대량 멸종한 것은 몇 번이나 있었고 그 시기는 언제였을까? 현재와 가장 가까운 시기부터 따진다면 백악기 말에 대량 멸종이 있었는데, 지금으로부터 6,500만 년 전이다. 그 전에는 트라이아스기 말로 2억 1,000만 년 전이며, 그보다 더 앞선 시기로는 페름기 말로 2억 4,800만 년 전이다. 공교롭게도 지자기의 역전 시기와 생물의 대량 멸종 시기가 겹친다. 다만 '지자기의 역전=대량 멸종'은 아니다. 80만 년 전에 지자기가 역전되었을 때는 대량 멸종이 일어나지 않았기 때문이다.

아마도 대량 멸종은 지구 규모의 기후 대변동과 지자기의 역전이 겹치는 등 여러 가지 요인이 복합적으로 작용한 결과 일어나는 것이 아닐까?

거대 운석의 충돌이 불러온 재앙

과거에 생물의 대량 멸종은 앞에서 소개한 세 번을 포함해 모두 열한 번 일어났다. 과거 5억 4,000만 년 동안 대량 멸종이 열한 번. 음…… 많은 것인지 적은 것인지 헷갈린다.

이 가운데 다섯 번은 규모가 매우 커서, 모든 생물의 70~80퍼센트가 멸종했다. 가장 최근은 앞에서도 언급한 백악기 말의 대량 멸종이다. 이때는 공룡이 절멸했을 뿐만 아니라 해양 생물의 76퍼센트가 절멸했다고 한다. 원인은 거대 운석의 충돌로 추정되고 있다.

우주에서 날아온 운석이 멕시코의 유카탄 반도 북부를 직격한 것이다. 이곳에는 현재 지름 180킬로미터의 크레이터가 있다. 우주에서 보면 원형임을 알 수 있을 정도로 거대한 크레이터인데, 이것을 보면 거대 운석의 충돌로 엄청난 폭발이 일어났음을 알 수 있다. 날아간 분진이 지구 전체로 퍼져나갔고, 거대한 쓰나미가 지구를 몇 바퀴나 돌았다. 그리고 그을음이 지구 전체를 뒤덮어 한랭화로 이상 기후가 되었다. 이것이 대량 멸종의 원인으로 생각되고 있다. 다만 지금까지 일어난 대량 멸종의 원인이 전부 운석인 것은 아니다.

지구 내부에서 나온 '메탄 하이드레이트'라는 물질이 원인이라는 설도 있다. 이것은 지구 규모의 화산 폭발 같은 이미지를 연상하면 이해하기 쉽다. 해저 곳곳에서 메탄 하이드레이트가 콸콸 나왔다고 하는데, 진상은 수수께끼에 싸여 있다.

멸종의 운명은 1억 년 전에 결정되어 있었다

사실 거대 운석 이야기에는 또 다른 비화가 있다.

1978년, 멕시코의 유카탄 반도에서 석유를 채굴하던 중에 지름 180킬로미터의 크레이터가 발견되었다. 이것이 앞에서 이야기한 백악기에 운석이 떨어진 흔적이다. 너무나도 거대해서 그저 움푹 팬 땅이거나 지형의 일부라고 여겼을 뿐, 원형 크레이터라고는 아무도 생각하지 않았다.

당시 떨어진 운석의 지름은 10킬로미터에 이르렀다. 지름 10킬로미터라고 하면 웬만한 대도시 일대를 통째로 갈아뭉갤 수 있는 크기다. 여러분이 하늘을 올려다봤는데 대도시 두 개 크기의 거대하고 새카만 덩어리가 시속 1만 킬로미터라는 엄청난 속도로 떨어지고 있다고 상상해보라(불타고 있으므로 실제로는 새빨갛게 보이겠지만). 최신예 보잉 787의 순항 속도가 대략 시속 900킬로미터이니 운석의 낙하 속도는 비행기의 10배 이상인 셈이다.

여담이지만 '쓸데없는 걱정'이라는 의미를 가진 '기우(杞憂)'는 하늘이 무너지지 않을까 걱정하는 사람의 어리석음을 비웃는 중국의 고사에서 유래한 말인데, 현대 과학의 관점에서 보면 하늘이 무너지는 일은 실제로 일어날 수 있다.

어쨌든 거대 운석이 떨어지고 있음을 눈치 채더라도 엄청난 속도로 낙하하기 때문에 여러분은 도망칠 수가 없다. 천문학자가 1년 전에 지구를 향해 돌진하는 거대 운석의 존재를 발견했다고 해도 그 시점에서는 정확히 지구의 어디에 충돌할지 알 수가 없다. 또 크레이터의 크기가 지름 180킬로미터임을 감안하면 그 범위 안은 순식간에 전멸했다는 결론이 나온다. 이쯤 되면 무섭다는 수준을 넘어서 굉장하다고 해야 할지, 처참하다고 해야 할지 판단이 안 될 지경이다. 그 주위도 시간이 지남에 따라 초토화되며, 지구 규모의 대변동이 일어난다. 또 수천 미터 높이의 쓰나미도 일어났다고 하니, 어딘가로 피난을 간다고 해서 해결될 문제가 아니다.

그런데 이 운석은 어디에서 왔을까? 최근 밝혀진 바에 따르면 화성과 목성 사이에 있는 소행성 밥티스티나에서 온 것으로 보인다. 1억 6,000만 년 전에 밥티스티나가 다른 소천체와 충돌했는데, 그 파편이 1억 년에 걸쳐 엄청난 속도로 우주를 표류하다

지금으로부터 6,500만 년 전에 지구에 떨어진 것이다. 그렇다면 공룡의 운명은 그들이 멸종되기 약 1억 년 전에 결정되어 있었던 셈이다. '절멸의 스위치'는 이미 먼 옛날에 눌린 상태였다. 지구상의 생물들은 아무 것도 모른 채 살았지만, 정해진 운명대로 1억 년 뒤에 운석이 떨어졌다.

연구자는 이 천체 충돌의 연쇄를 '죽음의 당구'라고 불렀다. 1억 6,000만 년 전에 일어난 소천체끼리의 충돌이 돌고 돌아 지구 생물의 대량 멸종을 초래했다. 그렇다면 가령 앞으로 지구에 떨어질 것으로 보이는 운석을 현재의 우리가 발견했을 경우, 그 운명은 이미 1억 년쯤 전에 결정되어 있었던 것인지도 모른다. 그 스위치는 대체 누가 눌렀을까? 그저 단순한 우연일까?

지구로 날아오는 거대 소행성을 피하는 방법은?

영화 〈아마게돈〉은 소행성이 지구를 향해 접근하는 위기 상황에 인류가 맞서는 이야기다. 지구에 접근하는 궤도를 가진 소행성을 '근 지구 소행성(Near Earth Asteroid: NEA)'이라고 하는데, 백악기 말기에 충돌한 거대 운석은 근 지구 소행성일 것으로 추측되고 있다.

이런 소행성과의 충돌은 과연 어느 정도의 빈도로 발생할까?

지름 5킬로미터 정도의 소행성은 1,000만 년에 한 번, 지름 1킬로미터 정도의 소행성은 100만 년에 몇 번, 이보다 작은 것은 거의 매달 발생한다고 한다. 대기라는 이름의 보호막이 없었다면 지구 표면은 달 표면처럼 크레이터로 가득했을 것이다. 참고로 과거에 운석이 비처럼 쏟아져 내리던 시기가 있었는데, 지구 표면은 움직이고 있고 비도 내리기 때문에 대부분 사라졌다. 100만 년에 몇 번, 1,000만 년에 한 번이라고 하면 그다지 자주 일어나는 형상은 아니라고 생각되지만, 지구의 나이가 46억 살이라는 점을 감안하면 1,000만 년에 한 번이라고 해도 지금까지 수백 번은 일어났다는 계산이 나온다.

지름 5킬로미터의 소행성이 엄청난 속도로 떨어진다면 충분히 공룡 멸종의 원인이 될 수 있을 것이다. 또 너무 큰 소행성은 인류 멸망의 원인도 될 수 있으므로 NASA는 지구와 충돌할지 모르는 소행성을 열심히 관찰하고 있다. 한 예로, 2002년 4월에 NASA는 지름 1킬로미터의 소행성이 2880년 3월 16일에 0.3퍼센트의 확률로 지구와 충돌할 수 있다고 발표했다. 2880년에 0.3퍼센트의 확률로 충돌한다고 해도 여기에 어떻게 대처해야할지 감이 잘 안 잡힌다. 또 2006년 7월 3일에는 소행성이 지구로부터 42만 킬로미터 떨어진 곳을 통과했다고 한다. 이것은 소천체 충돌의 세계에서는 근접 비행사고(니어미스)에 속한다. 또

2008년 10월 7일에는 소행성이 발견된 지 하루 뒤에 대기권에 돌입해 아프리카의 수단 상공에서 폭발했고, 그 파편이 운석으로 회수되었다고 한다. 이것도 충돌하기 불과 하루 전에 알았으므로 늦지 않게 발견했다고는 말하기 어렵다. 현재의 관측 체제로는 작은 천체의 경우 이렇게 코앞에서밖에 발견할 수 없으니 걱정스럽다. 소행성 자체는 빛을 내지 않기 때문에 태양빛 등을 반사해야 비로소 발견할 수 있다. 멀어지면 놓칠 때도 많다. 그래서 모든 소행성을 파악하기는 어렵다.

영화 〈아마게돈〉에서는 인간이 로켓을 타고 소행성에 접근해 구멍을 뚫고 핵폭발을 일으켰다. 소행성이 딱딱한 암석으로 구성되어 있다면 폭탄으로 산산조각을 낼 수 있겠지만, 예를 들어 소행성 이토카와 등은 내부가 스펀지처럼 틈이 비어 있어서 매우 가볍기 때문에 핵폭탄을 국소적으로 장치해 파괴할 수 있을지는 알 수 없는 일이다.

만약 수년 뒤에 지구를 직격할 것으로 보이는 지름 5킬로미터의 소행성을 발견한다면 우리는 어떻게 해야 할까? 먼저 궤도를 계산해야 할 것이다. 그래서 틀림없이 지구와 충돌한다는 계산이 나오면 세계적인 차원에서 대책을 강구해 어떻게 궤도를 바꿀지, 혹은 파괴할지 궁리해야 할 것이다. 미사일을 발사해도 해결되지 않는다면 최종적으로는 인간(혹은 로봇)이 직접 소행성에 접근해서 로켓을 장착하고 분사시켜 궤도를 바꾸는 방법 등도 검토될 것이다. 다만 그런 방법으로 과연 소행성의 궤도를 바꿀 수 있을지는 알 수 없다.

운석이 어디에 떨어질지 예측하기는 매우 어렵다. 대기권에 어떤 각도로 돌입할지, 도중에 폭발할지, 아니면 상당한 크기를 유지한 채로 지면에 충돌할지, 바다에 빠질지 계산하기는 거의 불가능하다. 인공위성은 통제가 가능하므로 바다에 빠트려 회수할 수 있지만 소행성의 궤도는 통제가 불가능하다. 또한 대규모의 공황 상태에 따른 사고 등을 고려하면 "여기에서 100킬로미터 안은 위험하니 피신하십시오"라고 발표할 수도 없지 않을까? 거대 운석이 충돌할 것이 확실해지면 종말론은 아니더라도 요상한 종교가 유행하고 약탈이 벌어질 것이다. 가령 전 인류의 6분의 1이 절멸한다면 이것은 누구도 피할 수 없는 러시안 룰렛이나 다름없다. 인류가 그 공포에서 벗어날 방법은 없다.

지구를 하얀 얼음 덩어리로 만드는 전 지구 동결

하늘에서 내려오는 공포의 대마왕만이 지구 규모의 절멸을 일으키는 것은 아니다. '전 지구 동결'로 인류가 멸망할 가능성도 있다. 전 지구 동결은 영어로 '스노볼 어스(Snowball earth)'라고 한다. 적도를 포함해 지구 전체가 얼어붙는 현상으로, 이것이 원인이 되어 과거에 생물의 대량 멸종이 일어났다고 추측되고 있다. 가장 오래된 전 지구 동결은 24억 5,000만 년 전에서 22억 년 전의 휴로니안 빙기에 있었다. 그 뒤에는 스타티안 빙기와 마리노아 빙기가 있었는데, 이것은 7억 3,000만 년 전에서 6억 3,500만 년 전이다.

전 지구 동결이 일어나면 원생생물조차도 대량 멸종을 피할 수 없다. 원생생물이란 조류(藻類), 물곰팡이, 아메바, 짚신벌레, 점균 등 동물도 식물도 아닌, 분류할 수 없는 것들이다. 이런 원생생물들이 전 지구 동결 때 대량 멸종했다고 한다. 그리고 이후 다양한 종류의 생물이 등장했다. 다세포 생물도 전 지구 동결 후에 등장했다는 설이 있다. 전 지구 동결이 계기가 되어 다양한 생물종이 출현했다는 가설이다.

전 지구 동결은 어떻게 해서 일어났을까? 그리고 어떻게 해서 끝났을까? 이에 관해서는 아직 정확히 밝혀지지 않았다. 가설은 몇 가지 있지만, 결정적인 설은 없다. 전 지구 동결이 일어나면 지구 표면 전체가 하얀 얼음이 된다. 하얀 얼음이 되면 태양빛이 흡수되지 않고 반사된다. 따라서 지구는 더욱 차가워진다. 요컨대 일단 얼어붙으면 다시는 녹지 않는다는 말이다. 그러나 현재의 지구는 우리가 이렇게 살고 있듯이 얼어붙어 있지 않다. 어째

서일까? 그 원인으로는 화산 폭발을 생각할 수 있다. 지구 표면은 얼어붙더라도 지구 내부는 활동하고 있으므로 화산 폭발은 얼마든지 일어날 수 있다. 화산이 폭발하자 이산화탄소가 방출되었고, 이것이 온난화 가스가 되어 지구 온난화가 일어났다. 그 결과 '전 지구 동결'이 해제되었다는 가설이다. 그러나 진상은 알 수 없다.

현재 지구 온난화가 문제가 되고 있는데, 이렇듯 반대로 얼어붙어서 인류가 절멸할 가능성도 있다. 으으……, 새하얀 지구를 상상하기만 해도 오싹해지지 않는가?

천 년에 한 번 일어날 만한 대지진

2011년 3월 11일에 일어난 동일본 대지진의 규모는 처음에 규모 8.8로 알려졌지만 이후 9.0으로 수정되었다. 당초의 계산으로는 1995년 1월 발생한 한신 아와지 대지진의 355배의 에너지였는데, 이것은 잘못된 계산이었다.

규모에는 두 종류가 있다. 일본 기상청의 규모와 세계 표준의 규모다. 한신 아와지 대지진의 규모 7.3이라는 숫자는 기상청 기준이고, 세계 표준으로는 규모 6.9가 된다. 동일본 대지진의 경우는 기상청 기준이 아니라 세계 표준 규모로 발표되었다. 그것이 9.0이다. 즉 본래 비교해야 할 수치였던 6.9와 9.0으로 계산하면 에너지는 '1,400배'가 된다. 한신 아와지 대지진의 1,400배나 되는 에너지가 동일본을 덮쳤다는 말이다.

왜 이렇게 거대한 지진이 일어났을까? 참고로 현재 지구상에서 일어날 수 있을 것으로 생각되는 가장 거대한 지진은 규모 10으로, 동일본 대지진의 30배다. 지구상에서 이보다 큰 지진은 일어날 수 없다고 생각되고 있다. 이렇게 생각하면 동일본 대지진은 정말로 큰 지진이었다. 지진이 잦은 일본으로 한정해도 1,000년에 한 번 일어나는 사건이다. 1,000여 년 전에 이번과 같은 거대한 쓰나미가 도호쿠 지방으로 밀려와 내륙까지 덮쳤던 흔적이 동일본 대지진 발생 이전에 발견된 바 있지만, 이런 기초 연구는 예산도 배정받지 못하며 방재에 활용되지도 않았다.

일본 미야기 현에는 아라하마(荒浜)라는 지명이 있다. 2011년 대지진으로 큰 피해를 입은 곳이다. 이것은 내 상상이지만, '아라하마'라는 이름(한자를 풀이하면 '거친 물가'가 된다-옮긴이)은 어쩌면 과거에 거대한 쓰나미에 휩쓸린 것에서 유래한 것인지도 모른다.

해저드맵이 무용지물이었던 사건
동일본 대지진에서는 쓰나미의 높이가 최고 38.9미터에 이르렀다. 과거 1896년의 메이지 산리쿠 지진 당시 쓰나미의 높이가 38.2미터였다는 기록이 남아 있는데, 이를 뛰어넘는 높이다.

이번 지진에서는 해저드맵(자연 재해에 따른 피해를 미리 예측해 그 피해 범위를 표시한 지도-옮긴이)이 전혀 도움이 되지 않았다. 예측을 통해 '여기까지 피난하면 안전합니다'라고 사전에 정해놓았던 장소까지 피난했는데 그 피난소에서 쓰나미에 휩쓸려 사망한 사람이 많았다. 역시 자연 재해를 인간의 과학력으로 예상해 막는 데는 한계가 있었던 것이다.

또한 예상했던 네 곳의 지진이 동시에 연동해서 일어난 것도 충격이었다. 당시 500킬로미터에 걸쳐 판의 경계면이 어긋난 상태였다. 사실 일본 정부도 500킬로미터 사이의 네 곳에서 대지진이 일어날 수 있다고 예측은 했지만 그것이 연동해서 일어날 줄은 생각하지 못했다. 한 곳 한 곳씩 단발성으로 규모 7~8 정도의 지진이 일어날 것으로만 예상했다. 만약 정부의 예상대로 단발성 지진이었다면 이렇게 많은 희생자가 나오지는 않았을 것이다. 물론 연동형 지진도 있을 수 있다고 경고한 전문가는 있다. 어떤 최악의 상황이라도 예상은 가능하다. 다만 예상할 수 있는 모든 상황에 대처할 수 있느냐 하면, 그러기는 어려운 것이 현실이다. 예산에는 한계가 있으므로 1,000년에 한 번 일어나는 수준의 재해를 경고해도 국회에서 예산안이 통과되지는 못할 것이다.

 ## 위험한 것은 방사능인가, 방사선인가?

대지진과 쓰나미의 여파는 원자력 발전소 문제로 이어졌다. 원자력 발전소 사태가 이렇게까지 악화되리라고 생각한 사람은 거의 없었을 것이다. 나도 예전에 원자핵 물리학을 전문적으로 공부한 과학 작가이지만 이 정도의 피해는 상상도 하지 못했다. 격납 용기에 균열이 생기기는 했지만 격납 용기는 두께 27밀리미터의 강철제다. 어지간해서는 파괴되지 않는다.

격납 용기 속의 기압은 4기압이다. 내부의 수증기를 이용해 터빈을 돌리기 때문에 압력이 높다(우리 주위의 기압은 1기압이다). 설계 상으로는 12기압까지는 견딜 수 있다고 하는데, 이번 상황에서 가장 위험했을 때는 내부 압력이 8기압까지 상승했다. 설계상의 허용 압력인 12기압까지 올라가기 전에는 폭발하지 않겠지만 평상시의 두 배나 압력이 상승했으니 상당히 위험한 상황이었다. 만약 격납 용기가 파괴되어 폭발한다면 안에 있는 핵연료가 전부 하늘로 날아가버린다. 이것이 이번에 예상할 수 있는 최악의 사태였다.

가령 체르노빌 원자력 발전소 사고의 경우는 엄청난 폭발이 일어났는데, 믿지 못하겠지만 그곳에는 애초에 격납 용기 자체가 없었다. 체르노빌 원자력 발전소는 매우 오래된 원자로여서 격납 용기가 없이 건물만 있었다.

후쿠시마 원자력 발전소의 물웅덩이에서는 방사능 수치가 비정상적으로 높게 측정되었다. 통상적으로 운전할 때 원자로 안에 있는 물의 10만 배나 되는 수치였다. 핵연료가 파손되어 방사성 물질이 누출된 것이다.

원자력 발전소 사고가 무서운 이유 중 하나는 방사능은 보이지 않는다는 점이다. 그리고 우리는 지금까지 방사능에 대해 거의 아는 것이 없었다는 점이다. 인간은 자신이 모르는 것에 강한 공포를 느낀다.

또 언어의 정의에도 문제가 있다. 언론에서 자주 사용한 "방사능에 오염됐다", "방사능이 서울을 찾아온다"라는 말은 과학적으로 잘못된 표현이다. 방사능은 '방사하는 능력'을 의미한다. 방사하는 능력이 오기는 어딜 온다는 말인가? 오는 것은 방사성 물질이다. 그리고 방사성 물질에서 방사선이 나온다.

방사성 물질은 원소로, 예를 들어 우라늄-235나 요소-131, 세슘-137 등이 있다. 여기에서 숫자는 질량수다. 원자핵은 수많은 중성자와 양성자로 구성되어 있다. 우라늄-235가 핵분열을 일으켜 분열했다고 가정하자. 그러면 크기가 작아진다. 핵분열을 통해 탄생한 '파편', 즉 새로운 핵종이 요소-131과 세슘-137 등이다.

그리고 핵분열을 일으킬 때 나오는 것이 방사선이다. 원자력발전소 사고 이후 "방사선이 뭐지?"라는 질문이 여기저기에서 나왔는데, 사실은 다들 학교에서 배운 내용이다. 중학교나 고등학교 교과서에는 알파선과 베타선, 감마선이 소개되어 있다. 이 이름은 아직 방사선의 정체를 알지 못했던 20세기 초에 임시로 알파, 베타, 감마라고 명명했던 데서 유래했다.

물론 현재는 그 정체가 밝혀졌다. 알파선은 헬륨의 원자핵이다. 헬륨은 가장 가벼운 원소인 수소 다음으로 가볍다. 수소는 한가운데 양성자가 한 개 있다. 그 양성자가 원자핵이고 그 주위를 전자가 돈다. 헬륨은 양성자가 두 개다. 다만 중성자도 두 개 있기 때문에 합치면 네 개가 된다. 그러므로 헬륨은 질량수가 4다. 양성자가 두 개 있으므로 플러스 2의 전하를 가지고 있다. 그리고 원자핵의 양성자 두 개가 가지고 있는 전하를 상쇄하듯이 전자 두 개가 그 주위를 돈다. 이 헬륨의 원자핵이 알파선이다.

사실 알파선은 종이 한 장으로 차단할 수 있다. 종이 한 장으로 가리기만 해도 날아오는 알파선을 막을 수 있다.

방사성 물질을 이용한 암살 사건

알파선을 이용한 것으로 알려진 유명한 암살 사건이 보도된 적이 있다. 2006년에 구 소련의 첩보조직인 KGB가 러시아의 알렉산더 리트비넨코(Alexander Litvinenko)에게 방사성 물질을 먹여 독살한 사건이다. 수법은 아주 간단했다. 암살자는 풍선껌 포장지에 방사성 물질을 싸서 가지고 있다가 리트비넨코가 마실 음료수나 음식에 섞어 넣었던 것이다. 암살자는 그것을 몸에 지니고 있었음에도 피폭당하지 않았다. 정말로 종이 한 장으로 막을 수 있다는 말이다. 하지만 아주 소량이라도 몸속으로 들어가면 그것으로 끝이다. 방사선 피해에서 무서운 것은 내부 피폭이다. 코로 들이마셔 폐로 들어간 것, 먹어서 흡수된 것은 제거할 수가 없다.

원자력 발전소 사고 후에 아이가 물을 마시지 못하게 하라는 주의사항이 전달되었는데, 내부 피폭은 정말로 위험하므로 오염된 물은 절대로 마시지 말아야 한다.

체외 피폭, 즉 외부 피폭은 아주 강력하지 않다면 어느 정도까지는 괜찮다. 외부 피폭의 경우, 방사성 물질이 몸에 닿아도 물로 씻어내면 되기 때문이다. 이것이 흔히 말하는 방사능 세척이다. 방사성 물질은 기본적으로 꽃가루나 세균과 마찬가지로 잘 씻으면 된다. 대학의 물리학과 등에서 방사선 수업을 받을 때, 담당

교수는 "몸속에 들이지 마라"라고 강조한다. 공기와 함께 들이마시거나 먹고 마시는 것은 위험하다. 몸속에 들어간 방사성 물질은 완전히 붕괴될 때까지 계속 방사선을 방출한다.

일본의 원자력 발전소 사고를 처리하던 도쿄 전력의 협력 사원이 베타선 열상으로 다리를 다쳤다. 이것은 베타선에 따른 화상, 즉 체외 피폭이기 때문에(당연히 피폭당하지 않는 것이 가장 좋지만, 그래도) 체내 피폭만큼 걱정할 필요는 없다. 최악의 경우 피부를 이식하면 된다. 또 상처가 있어도 씻어내면 떨어져나가므로 상처 속으로 방사성 물질이 들어가는 일은 거의 없다.

체르노빌 원전 사고 때는 아이들이 유제품을 통해 요소-131을 많이 섭취하는 바람에 갑상선암이 다발했다. 아이가 방사성 물질을 섭취해 내부 피폭을 일으키면 그것이 20~30대에 암으로 나타나기도 한다. 그야말로 무서운 결과를 초래하는 것이다.

베타선과 감마선은 무엇일까

베타선의 정체는 '전자' 혹은 '양전자'다. 이 둘은 단순히 부호가 다를 뿐이다. 즉, 전하의 부호가 플러스냐 마이너스냐에 따른 호칭이다. 전자는 부호가 마이너스이고 양전자는 플러스다. 베타선을 차폐하려면 종이 한 장으로는 불가능하고 수 밀리미터 두께의 알루미늄이 필요하다. 납 등의 금속으로도 차폐가 가능하지만, 무게를 생각하면 알루미늄이 최적일 것이다.

다음으로, 감마선은 요컨대 '강력한 빛'이다. 우리가 평소에 보는 빛보다 에너지가 훨씬 크다. 빛이 '입자'임을 강조할 때는 '광자'라고 부르는데, 빛의 입자 하나가 가지고 있는 에너지의 크기에 따라 이름이 달라진다. 가장 강한 것이 감마선이고, 그보다 조금 약해지면 엑스선이 된다. 이와 같이 입자 하나가 지닌 에너지에 따라 이름이 바뀌어 가시광선이 되고 전파가 된다. 전파도 파장이 다를 뿐 빛의 일종이다.

파장과 에너지는 역수의 관계다. 전파는 파장이 매우 긴데, 파장이 긴 만큼 에너지는 작아진다. 빛의 입자 하나하나가 지니고 있는 에너지가 작다. 반대로 감마선처럼 파장이 짧아지면 에너지가 커진다. 빛의 입자 하나가 지닌 에너지가 크면 파괴력도 커진다. 엑스선은 에너지가 강해서 사람의 몸을 투과하기 때문에 엑스선 촬영에 사용된다. 그에 비해 가시광선은 가령 방 안에서 전등을 손으로 가리면 손을 투과하지 못한다. 이것은 에너지가 약하기 때문에 피부에 막힌 것이다. 그러나 감마선은 상당히 강하기 때문에 몸의 내부까지 들어온다. 따라서 감마선을 너무 많이 쬐면 매우 위험하다.

마지막으로 방사선에는 중성자도 포함된다. 이것은 원자핵을 만드는 '부품'이다. 중성자는 물과 반응하기 때문에 위험하다. 사람의 몸은 60퍼센트 이상이 수분이라서 상당한 피해를 입는다. 다만 중성자는 기본적으로 원자로 안에서만 나오므로 우리가 걱정할 필요는 없다.

원자력, 화력, 수력 중 사망자가 많은 것은?

현재 많은 사람이 '원자력 발전소 반대'를 외치고 있다. 그런 심각한 사고가 일어났으니 당연한 일이다. 그러나 사실 이것은 이번에 시작된 움직임이 아니다. 어디까지나 나의 추측이지만, 원자력 발전소는 '무서운' 과학기술의 전형일 뿐이다. 물론 일본의 경우 과거 전쟁의 경험을 통해 원자 폭탄에 대해 공포와 혐오감을 품고 지구상에서 핵병기를 없애자고 주장하는 것과 그 파생 기술인 원자력 발전소에 대한 감정이 전혀 관계가 없다고는 생각할 수 없다.

나도 어린 자녀를 키우고 있으므로 원자력 발전소 사고 직후에 수돗물이 오염되었다는 뉴스를 듣고 걱정이 태산 같았다. 그러나 나는 원자력 발전소도 무섭지만 원자력 발전소를 전부 없앤 결과 에너지가 부족해지는 것도 무서운 일이라고 생각한다.

체르노빌 원전사고의 현장인 우크라이나는 그후 원자력 발전소를 폐지했다. 그 결과 어떤 일이 일어났을까? 에너지 부족에 따른 정세 불안이다. 이웃 나라인 러시아가 공급해주는 천연 가스에 의존할 수밖에 없게 된 것이다. 그리고 러시아는 우크라이나에 천연 가스 공급을 중단하고 정치적인 '위협'을 가했다. 다들 체르노빌 사고의 무서움을 이야기하지만, 원자력 발전소를 정지시키자 또 다른 형태의 무서운 일이 일어난 것이다.

지구를 하나의 '생명체'로 보는 '가이아 이론'으로 유명한 제임스 러브록(James Lovelock)은 『가이아의 복수』(이한음 옮김, 세종서적)라는 책에서 흥미로운 내용을 소개했다. 1테라와트(1조 와트)의 에너지를 만들 때 '얼마나 많은 사람이 죽는가?'라는 이야기다. 이것을 보면 석탄(지금은 액화 천연 가스를 많이 사용하지만)을 사용하는 화력 발전이나 수력 발전에 비해 원자력 발전으로 죽는 사람의 수가 오히려 더 적다. 우리 머릿속에는 원자력 발전소 때문에 사람이 많이 죽는다는 이미지가 있는데, 사실은 화력 발전과 수력 발전 때문에 죽은 사람의 수가 압도적으로 더 많다는 것이다.

화력 발전소는 화학 공장이므로 작은 폭발이 일어나 사람이 죽기도 한다. 또 석탄 등의 채굴 과정에서 사고가 일어나 사람이 죽을 때도 많다. 수력 발전을 위해 지은 댐이 무너지는 경우도 있다. 이에 비하면 원자력 발전으로는 사람이 별로 죽지 않는다는 얘기다. 다만 이것은 '발전량당'이라는 조건이 붙은 비교임을 잊어서는 안 된다.

각종 발전이 얼마나 수명을 단축시키는지 계산한 사람이 있다. 미국 퍼시픽 노스웨스트 국립연구소의 핵에너지 부장으로 일하고 있는 앨런 E. 월터(Alan E. Waltar)다. 그가 쓴 『힘없는 미국 : 우리가 직면한 핵 딜레마America the Powerless: Facing Our Nuclear』라는 책에는 담배나 원자력 등이 인간의 수명을 얼마나 단축하는가에 관한 데이터가 실려 있다. 과연 얼마나 수명이 줄어들까? 원자력의 경우, 원자력에 '반대'하는 과학자 단체의 계산 결과로는 이틀이라고 한다. 원자력이 존재함으로써 우리 일반인의 수명은 이틀이 줄어든다는 말이다. 이것은 실제로 원자력 때문에 죽은 사람, 피폭된 사람들의 숫자를 감안해 계산한 평균값이다. 게다가 미국의 원자력 규제 위원회라는 곳에서 산출한 결과는 이틀도 아니고 0.05일이다. 0.05일이면 '24×0.05'이므로 약 1시간이다. 이틀이 맞는지 한 시간이 맞는지는 알 수 없지만, 어느 쪽이든 의외의 결과라고 할 수 있다.

한편 담배를 피우는 사람과 결혼하면 간접흡연 등이 원인이 되어 수명이 50일 줄어든다. 또 폐렴이나 인플루엔자에 걸렸을 경우는 500일이 줄어든다.

의외인 것은 에이즈다. 에이즈에 걸리면 수명이 55일 줄어든다. 요컨대 현재는 에이즈임을 알면 발병하지 않도록 약을 먹어

대응할 수 있기 때문에 폐렴이나 인플루엔자보다 수명에 대한 위험률이 낮다고 할 수 있다.

그리고 암은 수명을 1,247일, 심장병은 1,607일 줄인다. 이쯤 되면 이미 연(年) 단위다. 이것은 모두 미국의 데이터이지만, 암보다 심장병이 위험하다는 결론이 나온다.

우리는 원자력 발전이 무섭고 우리의 생명을 위협한다고 생각한다. 그러나 과학적인 데이터는 담배나 심장병이 더 무섭다는 것을 가르쳐준다. 물론 이것으로 원자력 발전소에 대한 생각이 달라지지는 않을 것이다. 우리는 논리적으로 데이터에 근거해 무서워하는 것이 아니라 그저 감정적으로 무서워하는 것이니까.

결혼을 안 하면 수명이 줄어든다?

이야기가 조금 샛길로 빠지지만, 정말 무서운 것은 무엇인지 알기 위해 앞의 이야기를 조금 더 보충해 설명하려고 한다.

'미혼 남성'은 수명이 3,000일 줄어든다. 평생 미혼인 남성은 결혼한 남성에 비해 3,000일을 덜 산다는 뜻이다. 여기에는 건강과 심리 두 가지 이유가 있을 것이다. 참고로 미혼 여성의 경우는 1,600일로 남성의 절반이다.

한편 과음은 365일, 자동차 사고는 207일이다. 그리고 더 무서운 것이 빈곤으로 3,500일이 줄어든다고 한다. 요컨대 가난하면 일찍 죽는다는 말이다. 또 탄광 노동자는 1,100일이다. 탄광에서 일하는 것은 몸에 나쁠 것 같다는 이미지가 있는데, 가난은 그보다 더 수명을 줄이는 셈이다. 그리고 방사능 작업 종사자, 의료 관련 종사자, 원자력 발전소에 근무하는 사람은 수명이 23일 줄어든다고 한다.

이렇게 보면 우리가 막연히 생각하는 것과 실제는 많이 다르다는 것을 알 수 있다. 이런 통계 수치를 알고 있었기 때문에 예전에는 많은 과학자가 원자력이 무섭다는 말을 하지 않은 것이다. 확률적으로는 오히려 화력 발전 등이 더 많은 사람을 죽였다.

그런데 신기하게도 인간은 자동차 사고에 비해 비행기 사고를 더 무서워한다. 실제로는 비행기 사고로 죽는 사람보다 자동차 사고로 죽는 사람이 더 많다. 매일 교통사고가 일어나는 자동차가 훨씬 위험하다는 얘기다. 그러나 우리는 자동차는 아무렇지도 않게 타면서도 비행기를 탈 때는 무섭다고 생각한다. 비행기를 탈 때 '추락하면 어쩌지? 죽을지도 몰라'라는 불안감을 약간이라도 느끼는 사람은 많지만, 자동차를 운전할 때는 그런 생각을 거의 하지 않는다.

사람은 한 명씩 죽어나가는 사건에 대해서는 그다지 위험을 느끼지 않는다. 두려움을 느끼지 않는다는 말이다. 그런데 한 번에 많은 사람이 죽을 것으로 예상되는 사건은 매우 무섭게 느낀다. 많은 사람이 화력 발전을 무서워하지 않는 이유는 전체적으로는 사망자가 많아도 커다란 사고가 일어나 많은 사람이 한꺼번에 죽는 경우는 없기 때문이다. 하지만 실제 위험률은 낮더라도 대재앙이 예상되는 일에는 겁을 낸다. 비행기가 떨어지면 수백 명이 죽을 것을 상상할 수 있기 때문에 무서운 것이다. 원자력 발전소의 경우는 사망자의 수가 아니라 방사능 오염의 피해가 광범위하다는 점과 눈에 보이지 않는 방사능, 그리고 정보 부족이 공포를 증폭시키고 있는지도 모른다.

어쨌든, 공포의 크기가 통계와 비례하지 않으며 오히려 그 반대라는 사실은 이성과 감정이 인간 심리의 서로 상반되는 두 측면임을 보여주는 증거라고 할 수 있다.

언제 일어날지 모르는 활화산의 공포

활화산이 108개나 있는 화산 열도의 나라

화산은 매우 무서운 자연 재해다. 지진과 화산 폭발이 잦은 일본의 경우 2011년 1월에 신모에다케산의 분화가 크게 보도되었고, 후지산이 언제 분화하느냐는 늘 초미의 관심사다.

기상청에 따르면 현재 일본에는 활화산이 108개 있다. 이것은 현재도 분화 활동을 하는 산과 과거 1만 년 사이에 분화한 적이 있는 산이 포함된 수치다. 활화산의 단기적 기준과 장기적 기준은 각각 현재와 과거 1만 년이다. 그리고 108개는 전 세계의 활화산 중 7퍼센트에 해당하는 숫자다.

활화산은 3등급으로 나뉜다. 화산이 많기로 유명한 일본의 경우 가장 활동적인 화산은 A등급으로, 우스잔산과 미야케지마, 운젠후겐다케산 등 13곳이다. 다음으로 활동적인 산은 B등급으로, 자오산과 후지산, 그리고 신모에다케산을 포함한 기리시마야마 화산군 등이 있다. 그리고 활동이 저조한 C등급은 36곳이 있는데, 하쓰코다산, 하치조지마, 아부 화산군 등이다.

데이터가 없는 곳도 있다. 먼저 이즈 제도의 해저 화산은 데이터가 없어서 알 수가 없다. 해저 화산은 바다 밑까지 잠수해 조사할 수도 없고 과거 기록도 남아 있지 않아 알 수가 없는 것이다. 또 북방 영토의 화산도 데이터가 부족한데, 그런 화산이 23곳 있다.

일본 규슈의 남부에 있는 신모에다케산이 B등급에 속한 것을 보면 새삼 두려움을 느낀다. A등급이 아닌 B등급 화산도 분화한다는 의미니까. 이렇게 되면 등급을 나누는 것은 거의 도움이 되지 않으며, 활화산이라면 언제 분화해도 이상하지 않다고 생각하는 편이 좋을 듯하다.

2004년에 아사마야마산이 분화했을 때 관측 체제가 충분하지 않았다는 반성의 목소리가 있었다. 그러나 이번에 신모에다케산이 분화했을 때도 분화한 뒤에야 GPS를 설치하는 등 관측 체제를 겨우 갖출 수 있었다. 일본은 화산의 나라임에도 대책에

돈을 들이지 않기 때문에 관측을 하지 못하고 있는 것이다. B등급 화산이 분화한 것을 볼 때 만약 평소에 조사를 철저히 했다면 "분화의 조짐이 보이니 A등급으로 올리자"라는 이야기가 나왔겠지만, 안타깝게도 그러지 못했다.

더욱 무서운 사실은 같은 B등급에 후지산이 있다는 것이다. 후지산의 마지막 분화는 에도 시대인 1707년(호에이 대분화)에 있었다. 당시 후지산에서 100킬로미터 떨어진 에도에도 화산재가 쌓였다고 한다. 그리고 후지산이 분화하기 49일 전에는 (현재의 지역 구분으로) 도카이 지진과 난카이 지진이 연동해 대지진이 일어났다.

동일본 대지진 때도 후지산 바로 밑에서 지진이 일어났기 때문에 후지산이 분화하는 것이 아니냐며 다들 긴장했다. 후지산의 분화는 언제 일어나더라도 이상하지 않은 상황이다.

감소하는 열대 우림, 그 원인은 야자나무 재배

지금 열대 우림이 점점 줄어들고 있다. 인도네시아나 말레이시아에서는 열대 우림의 감소가 원인이 되어 오랑우탄이 강을 건너지 못하는 상황이 벌어지고 있다.

열대 우림이 감소하는 이유 중 하나로 기름야자의 재배가 꼽

힌다. 열대 우림을 벌채한 다음 기름야자를 심은 이른바 플랜테이션(대농장) 때문에 열대 우림이 줄어들고 있는 것이다. 기름야자에서 추출하는 팜유는 현재 세계에서 가장 많이 사용되는 식물유다. 그리고 팜유의 85퍼센트는 인도네시아와 말레이시아가 원산지다. 인도네시아의 경우 1990년에 11만 헥타르였던 기름야자 플랜테이션이 2002년에는 500만 헥타르로 늘어났는데, 그중 70퍼센트는 열대 우림을 개발한 것이라고 한다. 또 말레이시아의 경우는 1990년에 170만 헥타르였던 것이 2005년에는 국토의 12퍼센트인 400만 헥타르까지 증가하기에 이르렀다.

나는 휴가철에 말레이시아를 자주 가는데, 수도 쿠알라룸푸르의 공항에 도착하기 직전에 비행기 안에서 시야 전체가 기름야자 나무로 가득한 농장을 본 적이 있다. 처음에는 열대 지방 같아서 예쁘다고 여유롭게 생각했는데, 몇 번 보다 보니 온통 기름야자뿐인 광경에 소름이 끼치기 시작했다. 광대한 부지를 한 종류의 식물이 뒤덮고 있는 부자연스러움. '예전에는 어떤 식물이 자라고 있었을까?'라고 상상의 날개를 펼치는 중에 극단적인 개발로 잃어버린 것이 크다는 사실을 깨달았다.

과연 어떤 원인에서 기름야자가 늘어나고 열대 우림이 감소하고 있는 것일까? 이와 관련된 데이터가 있다. 예를 들어, 일본인 한 명이 팜유를 사용함으로써 매년 약 10제곱미터의 열대 우림을 소비하고 있다고 한다. 10제곱미터이므로 3미터×3미터 정도의 공간이다. 조금 많이 쓰고 있다는 느낌도 든다. 팜유는 식용뿐만 아니라 비누 등에도 사용된다. 그래서 열대 우림을 희생시키면서까지 비누를 만들 필요가 있겠느냐고 말하는 사람도 있다.

그러나 그 나라의 경제 활동 문제도 있기 때문에 가령 말레이시아에 "이제 기름야자 재배를 그만하시오", "열대 우림을 보존하시오"라고 요구하는 것만으로는 문제를 해결할 수 없다. 다른 대안이 필요하다.

또 전 지구적 차원에서 생각하면 플랜테이션보다 열대 우림이 이산화탄소를 많이 흡수하므로 지구 온난화의 문제도 제기된다. 원래 열대 우림의 토지는 이탄지(泥炭地)다. 이것은 물에 잠겨 있어서 죽은 식물 등이 그대로 썩지 않고(분해되지 않고) 유기물로 남아 있는 토지다. 예전에 나는 카약을 타고 자연 투어를 하다가 강에 떠 있는 '기름'을 봤다. 그것을 보고 강이 오염되어 있다고 생각했는데, 가이드가 "이것은 유기물입니다"라고 설명했다. 나는 일본의 '깨끗한 강'과 열대 우림의 강이 전혀 다른 모습이라는 사실에 충격을 받았다. 열대 우림이 개발되어 기름야자 농원이 되면 이 토양에 축적되어 있던 탄소가 대기 속에 방출되어 지구 온난화를 조장한다.

별 생각 없이 식사를 하고 비누로 몸을 씻는 우리의 생활이 열대 우림을 감소시켜 멸종 위기종 동식물을 더욱 궁지에 몰아넣고 지구 온난화를 부채질하고 있다니, 이 얼마나 무서운 일인가?

[참고] http://www.foejapan.org/forest/palm/

물이 부족한 나라의 미래는?

1인당으로는 사우디아라비아의 절반 정도

에너지만큼 없어지면 무서운 것이 바로 '물'이다. 물이 없어지면 정말 아무것도 할 수 없게 된다.

예전부터 일본은 물이 풍부하다는 이미지가 있다. 일본의 경우 동일본 대지진 직후처럼 생수가 동이 나는 경우도 있지만 수도가 있으므로 기본적으로는 문제가 없다고 생각한다. 그런데 사실은 일본이 물이 풍부한 나라가 아니라는 것을 보여주는 흥미로운 자료가 있다. 국민 1인당 강수량, 즉 비가 얼마나 내리고 있느냐를 계산해보면 일본은 사우디아라비아의 절반 정도라고 한다. 믿어지는가? 거짓말같이 들리겠지만 과학적인 데이터다. 국민 한 사람당 연간 강수량이 일본은 5,114세제곱미터이고 사우디아라비아는 9,949세제곱미터다. (한국의 활용 가능한 수자원량은 630억 세제곱미터이다. 이를 국민 한 사람당으로 환산한 경우 1,452세제곱미터이다.—출처:환경부 물환경정보시스템) 일본의 한 사람당 강수량은 세계 평균의 3분의 1밖에 안 된다. 요컨대 일본은 국민 1인당으로 생각하면 그렇게 물이 풍부한 나라가 아니라는 말이다.

일본은 강수량도 많지만 인구도 많다. 사우디아라비아는 강수량은 적지만 인구도 적다. 참고로 국민 한 사람당 강수량이 가장 적은 나라는 싱가포르다. 싱가포르는 일본에 비해 자릿수 하나가 적다. 싱가포르는 물이 부족하다. 이것은 싱가포르가 도시 국가라는 사실과 관계가 있다. 댐 등 물을 저장할 토지가 있어야 물을 마실 수 있는데, 싱가포르는 인구 밀도가 세계 2위인 도시 국가이기 때문에 도시가 아닌 부분의 국토가 좁다. 그래서 물을 살 수밖에 없다.

싱가포르는 주로 이웃 나라인 말레이시아로부터 물을 구입하는데, 2010년에 계약을 갱신할 때는 물의 가격이 단숨에 100배로 치솟았다. 약점을 잡혀 '바가지를 쓴' 것이다. 만약 말레이시아가 "당신들에게 물을 팔지 않겠소"라고 선언한다면 싱가포르는 끝이다. 이것은 '물의 안전 보장'이라는 커다란 문제를 야기

◆ 세계 각국의 강수량

국명	인구 (만 명)	넓이 (천㎢)	연 평균 강수량 (mm/년)	연간 강수총량 (㎦/년)	1인당 연간 강수총량 (㎥/년·명)	1인당 수자원량 (㎥/년·명)
캐나다	3,115	9,971	522	5,205	167,100	87,970
오스트레일리아	1,889	7,741	460	3,561	188,550	18,638
미국	27,836	9,364	760	7,116	25,565	8,838
세계	605,505	135,641	973	131,979	21,796	7,044
일본	12,693	378	1,718	649	5,114	3,337
프랑스	5,908	552	750	414	7,001	3,047
중국	127,756	9,597	660	6,334	4,958	2,201
인도	101,366	3,288	1,170	3,846	3,795	1,244
사우디아라비아	2,161	2,150	100	215	9,949	111
이집트	6,847	1,001	65	65	951	34

주

1. 세계와 각국의 강수량은 1977년에 개최된 유엔 물 회의의 자료를 참조했으며, 일본의 경우 1971~2000년의 평균값이다.

2. 세계 인구는 United Nations World Population Prospects, The 1998 Revision의 2000년 추계치며, 일본의 인구는 국세 조사(2000년)를 참조했다.

3. 세계와 각국의 수자원량은 World Resources 2000-2001(World Resources Institute)의 수자원량(Annual Internal Renewable Water Resources)을 참조했으며, 일본의 수자원량은 수자원 부존량(4,235억㎥/년)을 이용했다.

[참고] http://www.mlit.go.jp/tochimizushigen/mizsei/junkan/index-4/11/11-1.html]

하게 된다. 각국은 항상 에너지와 물과 식량을 어느 정도 확보해 놓아야 한다. 따라서 나라마다 식량 자급률과 마찬가지로 물의 자급률과 에너지 자급률에도 신경을 쓰는 편이 좋지 않을까?

지구상에서 마실 수 있는 물의 양은?

그러면 지구상에는 마실 수 있는 물이 얼마나 있을지 생각해보자.

지구상에 있는 물의 양은 14억 세제곱킬로미터다. 즉 한 변이 1킬로미터인 정육면체가 14억 개 있다는 말이다. 엄청난 양이지만, 여기에서 97.5퍼센트는 바닷물이다. 그리고 얼음을 포함해 지구상에 존재하는 물 가운데 마실 수 있는 담수의 비율은 불과 0.01퍼센트도 되지 않는다. 요컨대 14억 개 중 10만 개에 불과하다. 흔히 지구를 물의 행성이라고 하지만 대부분이 짠 바닷물이며 담수는 의외로 적은 것이 현실이다.

여기에서 중요한 것이 가상의 물(Virtual Water)이라는 개념이다. 이것은 간접적으로 사용하고 있는 물을 의미한다. 수입 식량 중 하나가 옥수수인데, 옥수수는 물을 사용해야 재배할 수 있다. 즉 옥수수를 수입하는 시점에서 간접적으로 물을 사용하는 셈이다. 이것이 가상의 물이다. 옥수수를 재배하는 나라에서 가뭄이 발생해 물이 귀해졌다고 가정하자. 그러면 옥수수가 자라지 않을 것이다.

따라서 국내의 물뿐만 아니라 가상의 물까지 포함해 '세계의 물'이라는 관점에서 생각할 필요가 있다. 세계적으로 물이 부족해지면 국내에는 '식량'이 들어오지 않게 된다. 일본의 식량 자급률은 40퍼센트(한국의 경우는 2012년 기준 45.3퍼센트–편집자)이므로 매우 곤란한 상황이 된다. 가상의 물이라는 형태로 얼마나 많은 물을 외국에 의존하고 있는지 생각해 세계적으로 진행되고 있는 사막화를 막는 등의 국제적 공헌도 필요하다. 안 그러면 물 부족은 결국 남의 일이 아니게 된다.

세계의 물 부족 현상으로 사람들이 '굶는' 사태를 상상할 수 있는가? 어려울 것이다. 불황이 계속되고 있다고 하지만 현재의 한국이나 일본은 '포식 국가'라고 할 수 있다. 가정과 음식점에서 산더미처럼 많은 음식물 쓰레기가 버려지고 있으니 말이다.

어쩌면 정말 무서운 것은 수십 년 뒤에 찾아올지도 모르는 세계적인 물 부족과 여기에서 파생될 식량 부족을 사람들이 피부로 실감하지 못한다는 사실인지도 모른다. 다가올 위기를 감지하지 못하는 나라에 과연 미래가 있을까?

가장 거대한 쓰나미는 어느 정도일까

도쿄 대학 지진연구소의 다나카 히로유키(田中宏幸) 씨에게 들은 무서운 이야기다. 지구에서 일어날 수 있는 가장 거대한 지진의 이야기를 128쪽에서 했는데, 그렇다면 가장 거대한 쓰나미는 어느 정도가 될까? 물론 거대 운석이 우주에서 날아오는 아마게돈급의 사태는 논외로 하고, 현재의 그럭저럭 평온한 지구 환경에서는 최대 몇 미터의 쓰나미까지 예측되고 있을까?

독자 여러분은 깜짝 놀랄지도 모르겠지만, 무려 높이 1,000미터의 초거대 쓰나미가 발생할 위험성이 지적되고 있다. 그 장소는 미국 서해안에 있는 카나리아 제도다. 라팔마 섬의 3분의 1 부분에 비스듬한 단층이 발견되었는데, 화산 분화를 계기로 거대한 땅덩이가 바다로 가라앉으면 욕탕에 아이가 뛰어들었을 때처럼 일시적으로 해면이 크게 융기한다. 1,000미터는 상상을 초월하는 높이다. 이해를 돕자면, 세계에서 가장 높은 빌딩인 두바이의 높이 828미터짜리 부르즈할리파보다 훨씬 높은 쓰나미라는 말이다. 동일본 대지진 당시 높이 10미터의 쓰나미에 2만 명에 가까운 사람이 죽거나 행방불명되었음을 감안하면 높이 1,000미터의 쓰나미가 무엇을 의미하는지 짐작이 갈 것이다.

다만 1,000미터라는 것은 어디까지나 화산이 붕괴된 주변 해역에서의 높이이며, 그곳에서 지구 전체로 쓰나미가 확산되는 과정에서 서서히 낮아져 뉴욕에 도달할 무렵에는 높이 10미터까지 낮아질 것으로 예측되고 있다. 또 1,000미터는 땅덩이의 대부분이 한꺼번에 바다로 떨어졌을 경우의 수치로 실제로는 그보다 훨씬 낮은 쓰나미가 될 가능성이 높으므로 지나치게 걱정할 필요는 없다.

다나카 씨는 뮤온이라는 소립자를 사용해 화산 내부를 투시하는 연구의 일인자인데, 라팔마 섬의 단층 상태와 화산 분화 조짐 등을 사전에 관찰해주기를 바랄 뿐이다. 인공적으로 토지의 일부를 무너트리거나, 반대로 보강해서 1,000미터에 이르는 거대 쓰나미의 '싹'을 애초에 꺾어버렸으면 하지만, 과연 그런 대규모 토목 공사가 가능할지 모르겠다.

어쨌든 우리가 모르는 곳에 인류 멸망의 원인이 될 수도 있는 위험이 도사리고 있다는 사실에 충격을 금할 수 없다. 어쩌면 그것조차 정확히 알 수 없다는 사실이 가장 무서운 것인지도 모르겠다.

Part 5

과학자와 관련된
무서운 이야기

SCIENTIST

원자 폭탄과 수소 폭탄

세상 사람들에게 과학자는 '두려움의 대상'일 때가 많다. 특히 물리학자는 원자 폭탄과 수소 폭탄을 개발한 사람들이라 무섭다는 이미지가 있다. 가령 아인슈타인이 발견한 '$E=mc^2$'이라는 수식은 원자 폭탄의 원리가 되었다. 그리고 동시에 원자력 발전의 원리이기도 하며, 나아가 별이 빛을 내는 원리이기도 하다.

'$E=mc^2$'이라는 수식이 없었다면 물리학자는 핵분열에서 에너지를 추출하는 것을 생각하지 못했을 것이다. 원리가 되는 수식이 있었기에 비로소 에너지를 추출하는 방법을 알 수 있었던 것이다.

　원자 폭탄의 원리를 설명하면 다음과 같다. 핵이 분열하면 중성자가 점점 늘어난다. 핵분열을 통해 먼저 중성자가 두 개 나온다. 그리고 각 중성자가 우라늄에 부딪혀 또 핵분열이 일어난다. 그 결과 중성자가 네 개 나온다. 이렇게 해서 핵분열을 할 때마다 중성자의 수가 2, 4, 8, 16개로 두 배씩 늘어난다. 이것이 연쇄 반응이다. 연쇄적으로 에너지가 증가하며, 제어하지 않으면 거대한 폭발이 일어나 원자 폭탄이 되는 것이다.

　그리고 핵융합이라는 것이 있다. 이것은 핵분열의 반대 방법으로 에너지를 추출하는 방식이다. 지금 인류는 핵융합로를 만들려 하고 있다. 핵융합로에서는 작은 수소나 중수소를 융합한다. 작은 핵이 융합해 큰 핵이 되었을 때도 에너지가 나온다. 태양이나 별의 내부에서는 바로 이런 핵융합 반응이 일어나고 있다. 태양의 최대 에너지원은 수소이며, 수소끼리 융합해 더 무거운 핵이 될 때 에너지가 나온다. 그리고 수소를 다 태우면 다음에는 헬륨을 태우기 시작한다. 점점 무거운 핵을 연소시켜나가는 것이다.

　헬륨을 태우기 시작한 시점에서 '헬륨 섬광'이라는 제어 불가능한 상태가 되어 별이 폭발할 때도 있다. 또 원소를 융합시켜 조금씩 에너지를 사용해나갈 때도 있으며, 이 경우 마지막에는 탄소 등도 연소되어 철이 된다. 철이 되면 연료로는 사용할 수 없다. 철은 에너지가 가장 낮은 안정된 원소여서 더 이상은 융합이 일어나지 않는다.

우주에서 최초로 생긴 별들도 연료는 수소밖에 없었다. 그것이 에너지를 전부 사용해 초신성 폭발을 일으켰다. 질량이 태양의 30배가 넘는 최초의 별이 연료를 전부 사용한 것이다. 내부에서 에너지가 나오지 않게 된 별은 자신의 중력을 이기지 못하고 쪼그라들어 폭발한다. 그것이 초신성 폭발이다. 초신성 폭발로 별 속에 있던 다양한 원소가 우주로 날아가고, 그것이 다시 모여서 다른 별이 생긴다. 그러면 제2세대, 제3세대의 별에는 무거운 원소도 포함된다.

태양은 앞으로 50억 년만 지나면 연료를 전부 다 쓸 것이다. 즉 핵융합이 끝난다. 그러나 태양은 초신성 폭발을 일으킬 만큼 질량이 크지 않기 때문에 점점 커져서 적색 거성이 된다. 그러면 수성과 금성 등은 그 적색 거성에 집어삼켜지는데, 그 과정에서 다양한 물질이 주위로 튀어나와 태양이 가벼워지고 그 때문에 중력이 약해져 외행성들의 궤도는 지금보다 넓어진다. 그 결과 지구와 화성은 태양에 삼켜지지는 않겠지만, 지구의 지상은 지글지글 불타는 지옥을 연상시킬 만큼 뜨거워질 것이다.

다시 핵융합 이야기로 돌아가자. 핵융합도 'E=mc²'이 원리였다. 그리고 수소 폭탄은 사실 '핵융합 폭탄'이다. 원자 폭탄에 핵융합의 원리가 더해지기 때문에 거기서 나오는 에너지도 엄청나게 크다. 이와 같이 물리학자들이 다루는 것은 원자 폭탄과 수소 폭탄 등 보통 사람들은 이해할 수 없고 인류가 감당할 수도 없는, 지구를 파괴해버릴 만큼의 위력을 가지고 있다.

물리학자에게는 과거의 연금술사 같은 이미지가 있다. 실험실에 틀어박혀 플라스크 안에서 정체를 알 수 없는 액체를 부글부글 끓이고 인간이나 금을 실험대에서 만들어내려 하는, 즉 마술을 사용하는 것 같은 이미지다. 이것이 물리학자에 대한 두려움으로 연결되는 것 같다. 그도 그럴 것이 도시 하나를 통째로 파괴할 수 있을 만큼 강력한 에너지를 추출하는 방법을 아는 사람들이 아닌가? 또한 문과 계열 사람들의 눈에는 숫자와 전문 용어를 사용해 도저히 이해할 수 없는 말을 하는 것도 무섭게 보일 것이다.

과학자는 상식에 취약하다?

또 한 가지 중요한 점은, 물리학자 중에는 사회 규범에 무관심하거나 상식이 없는 사람도 있다는 사실이다. 그들은 주로 학교나 연구소라는 닫힌 세계에 줄곧 소속되어 있었다. 말하자면 사회에 나와본 적이 없다. 물론 회사에 들어가 엔지니어 등의 일을 하다 대학으로 돌아가는 사람도 있다. 그런 사람은 사회인으로 단련되어 있어 인격적으로는 원만해질 수도 있다(안 그런 경우도 있지만). 그러나 그런 경험이 없는 학자도 부지기수다. 그런 사람들은 태어나서 유치원을 나온 이후로는 줄곧 학교 안에서만 살아왔다. 평생 학교에 다니고 있으니 보통 사람의 감각으로는 상당히 기묘하게 느껴질 것이다.

요컨대 그들은 세상 물정을 모르기 때문에 전쟁 등이 일어났을 때 약삭빠른 사람들에게 쉽게 이용당한다. 그 대표적인 예가 맨해튼 계획(제2차 세계대전 중에 미국이 주력한 원자 폭탄 제조 계획—옮긴이)에 참여해 원자 폭탄을 개발한 물리학자들이다. 그들 중 대부분은 자신이 만든 원자 폭탄이 인간에게 사용되리라고는 생각도 하지 못했다. 맨해튼 계획에 참가한 물리학자들은 간접적으로 수만 명에 이르는 사람을 죽인 셈이 되었지만 사전에 그런 결과를 상상하지 못했다. 개인적으로는 가족을 소중히 여기는 인도주의자들이었지만, 자신들의 '연구'가 실제 사회에 얼마나 커다란 영향을 끼칠지 알지 못하고 대량 살상 무기를 만들었던 셈이다.

만약 "당신들이 개발한 이 폭탄을 어느 나라에 떨어트릴 겁니다"라고 사전에 알렸다면 그 계획에 참여하지 않았을 물리학자도 많다. 그러나 그들은 "어디까지나 실험 결과를 가지고 적국을

겹쳐서 전쟁을 종결로 이끌려는 계획입니다"라는 정치가와 군인의 말에 속아 넘어갔다.

🗨️ 파란만장한 운명을 살았던 천재 물리학자

원자 폭탄 개발 프로젝트인 '맨해튼 계획'에 참가한 물리학자 중 한 명으로 데이비드 봄(David Joseph Bohm, 1917~1992)이 있다. 그는 계획에 강제로 참여하게 된 비운의 물리학자로, 원자 폭탄과 수소 폭탄의 개발에 관여한 줄리어스 오펜하이머(Julius Robert Oppenheimer, 1904~1967)라는 매우 유명한 물리학자의 제자다.

데이비드 봄은 대학 시절에 사회주의, 공산주의 활동가로서 학생 운동에 참여했다. 그래서 처음에는 사상적으로 문제가 있다는 이유로 맨해튼 계획에 참여할 수 없었는데, 그의 물리 논문에는 '맨해튼 계획'에 꼭 필요한 성과가 포함되어 있었다. 이 때문에 봄은 어쩔 수 없이 그 계획의 연구자로 차출될 수밖에 없었다. 다만 안타까운 것은 그의 박사 논문이 일급 기밀로서 군사적으로만 사용되었다는 것이다. 자신의 연구 성과를 외부에 공개할 수 없다는 것은 연구자에게 정말 괴로운 일이다.

그리고 제2차 세계대전이 끝난 뒤 냉전이 시작되었다. 1949년경에 미국에서는 매카시즘의 선풍이 일어나 공산주의자와 자유주의자에 대한 탄압이 있었다. 이른바 '빨갱이 사냥'이다. 봄은 과거에 학생 운동에 참여한 전력을 의심받아 반미활동 조사 위원회에 소환되었다. 여기에서 봄은 묵비권을 행사했고, 그 결과 1950년에 체포당하기에 이르렀다. 1951년 5월에 무죄 석방되기는 했지만 이 사건이 원인이 되어 프린스턴 대학의 조교수 자리에서 쫓겨났다. 왠지 종교 재판에 회부된 갈릴레오가 연상된다. 아니, 실제로 미국의 빨갱이 사냥은 현대판 종교 재판이었다고 해도 과언이 아니다.

봄의 재능을 아깝게 생각한 아인슈타인이 그를 조수로 고용하기 위해 프린스턴 대학과 교섭을 벌였지만 대학 측은 이를 거부했다. 실업자가 된 봄은 어쩔 수 없이 브라질의 상파울루 대학으로 자리를 옮겼다. 빨갱이 사냥 당시의 사회 상황은 현재의 시각에서 보면 참으로 이해하기 어려운데, 쉽게 말하면 중세의 마녀 사냥 같은 것이었다. 그러므로 일단 낙인이 찍히면 공립 대학에서 일하기는 불가능했다.

봄은 미국에서 브라질로 갈 때 여권을 몰수당했다. 다시는 돌아오지 말라는 의미로, 사실상의 국외 추방이었다. 그는 그후 이스라엘로 건너가 결혼을 했다. 그리고 영국의 브리스틀 대학에서 '아로노프-봄 효과'라는 획기적인 양자론을 발견했다. 이것 하나만으로도 충분히 노벨상을 받을 수 있는 업적이지만, 아마도 정치적인 꼬리표가 영향을 끼친 듯 수상은 하지 못했다.

만년에 봄은 과학 기술을 비판했다. 그는 "기술은 평화적으로
도 이용되지만 파괴에도 이용되고 있다. 분쟁의 원인은 인간의
'사고'에 있다"고 말했다. 인간이 생각하는 것, 사고하는 것이 바
로 분쟁의 원흉이라는 말이다. 그 증거로 인간처럼 언어를 사용
해 생각하지 않는 동물은 살육 병기를 만들지 않는다. 또한 그는
달라이라마 등 여러 사람들과 대화를 나누며 평화의 의미를 끊
임없이 생각했다. 파란만장한 운명을 떠안은 물리학자가 최후
에 도달한 경지는 평화 운동이었다.

원자 폭탄이 열어버린 판도라의 상자

아인슈타인도 만년에는 평화 운동에 힘을 쏟았다. 그는
'E=mc²'이라는 수식을 발견했을 뿐만 아니라 루스벨트(Franklin
Delano Roosevelt, 1882~1845) 대통령에게 보낸 편지에도 서명했다. 그
편지에는 독일의 나치스가 원자 폭탄을 개발하려 하고 있으며
'이를 미국이 수수방관한다면 나치스가 세계를 지배할 것이다.
그러므로 미국은 원자 폭탄을 개발해야 한다'는 내용이 적혀 있
었다. 물론 이 편지만으로 루스벨트 대통령이 원자 폭탄의 개발
을 지시하지는 않았겠지만, 영향력이 강한 아인슈타인의 서명

은 큰 의미가 있었을 것이 틀림없다.

유대인이었던 아인슈타인은 1933년에 독일을 떠났다. 나치스의 등장으로 신변에 위협을 느끼자 베를린 대학의 교수직을 사임하고 미국으로 망명한 것이다. 이런 과거가 있기에 그는 나치스에 강한 위기감을 느꼈다. 다만 그런 이유가 있었다고는 해도 결과적으로는 그의 서명이 수많은 사람의 운명을 결정했는지도 모른다. 아인슈타인은 제2차 세계대전이 끝난 뒤 철학자인 버트런드 러셀(Bertrand Russell, 1872~1970)과 함께 공동 선언문을 발표하고 평화 운동을 시작했다.

원자 폭탄은 열어서는 안 될 판도라의 상자를 열고 말았다. 실제로 원자 폭탄을 만든 물리학자들도 그것이 가져온 엄청난 결과에 전율했다. 개인적으로는 좋은 아버지이며 좋은 남편이었던 그들의 연구가 결과적으로 비극을 부른 것이다.

다만 안타깝게도 인류는 여기에서 아무런 교훈도 얻지 못한 듯하다. 냉전 중에는 수소 폭탄이 개발되었고, 현재도 세계에는 엄청난 수의 미사일이 존재한다. 지구를 몇 번은 파괴해도 남을 만큼의 핵병기가 있다. 과거 미국은 소련이, 소련은 미국이 침공할지도 모른다는 공포감에 물리학자들을 동원해 원자 폭탄보다도 더 파괴력이 강한 병기를 계속 만들었던 것이다.

스탈린과 비운의 과학자

한 가지 예를 더 소개하겠다. 러시아의 유명한 물리학자인 레프 란다우(Lev Davidovich Landau, 1908~1968)의 일화로, 과학자가 왜 무기를 만드는 일에 참가하게 되는지를 보여주는 하나의 예다.

란다우는 1962년에 노벨 물리학상을 받았으며, 과학의 세계에서 유명한 『이론물리학 강좌(Course of Theoretical Physics)』라는 교과서를 집필한 사람이기도 하다. 그런데 그는 1938년에 동료와 함께 체포되었다. 당시 소련을 지배했던 스탈린을 비판하는 전단을 뿌렸다는 이유였다. 그는 주범은 아니었지만 동료 몇 명과 함께 "독재 체제가 소련을 잘못된 방향으로 이끌고 있다"라고 고발했다. 이것은 당시의 소련에서는 자칫하면 잡혀서 사형을 당할 수도 있는 위험한 행위였다.

그러나 당시 30세로 두각을 나타내는 신진 물리학자였던 그의 재능을 높게 평가하는 사람이 있었다. 모스크바 연구소 소장이었던 표트르 카피차(Pyotr Kapitsa, 1894~1984)라는 물리학자였다. 정치력도 있었던 그는 백방으로 란다우의 구명 운동을 펼쳤고, 그 덕분에 란다우는 1년 만에 석방되었다.

이러한 연유로 란다우는 1940년대부터 1950년대에 걸쳐 구소련의 원자 폭탄과 수소 폭탄 개발 프로젝트에 참가하게 되었다. 내키지는 않았지만 한 차례 투옥되었던 경험도 있고 당국의 감시를 받는 상황에서 프로젝트 참가를 거절했다가는 총살을 당할지도 모른다는 생각에 승낙할 수밖에 없었다.

그는 컴퓨터로 수소 폭탄의 폭발력을 정확히 예측할 수 있는 수치 계산법을 고안했다. 수소 폭탄 개발에 크게 공헌한 것이다. 이 공적으로 그는 1949년과 1953년에 '스탈린 상'을 받았고 1954년에는 '사회주의 노동 영웅'이라는 칭호를 얻었다. 이것은 당시 소련에서는 커다란 명예였다. 이렇게 해서 국가 반역죄로 사형을 당할 수도 있었던 란다우는 수소 폭탄의 개발에 공헌해 소련의 영웅이 되었다. 이 얼마나 얄궂은 운명이란 말인가?

역시 권력 앞에서 일개 과학자는 미약한 존재일 수밖에 없다. 이것은 어쩔 수 없는 일이라고 생각한다. 자신이 죽을 수도 있고, 가족이 힘들어질 수 있다고 위협하면 대부분 명령을 거역하지 못할 것이다. 가능하다면 봄처럼 망명이라도 하겠지만, 란다우는 망명조차 할 수 없는 상황이었다.

란다우는 자동차 사고로 머리에 중상을 입고 그 후유증으로 1968년에 모스크바에서 세상을 떠났다. 진상은 알 수 없지만, 구 공산권의 자동차 사고는 암살일 가능성도 있기 때문에 의심이 가는 것도 사실이다.

이쯤 되면 정말 무서운 것은 물리학자인지 국가 체제인지 알 수가 없다.

권력과 가까웠던 갈릴레오

세계적으로 유명한 물리학자 갈릴레오 갈릴레이는 사실 무서운 면이 있는 인물이다. 그가 지동설을 주장했기 때문에 재판에 회부되었고 그곳에서 "그래도 지구는 돈다"라고 중얼거렸다는 일화가 유명한데, 사실 이 발언은 전혀 근거가 없다. 아마도 후세의 창작일 것이다. 이단을 심문하는 재판에서 그런 말을 했다가는 정말 엄청난 고통을 당할 수도 있기 때문이다.

갈릴레오는 가난한 집안에서 태어났지만 크게 출세한 인물이다. 당시의 과학자로서는 그 이상 바랄 수 없을 만큼 출세했다.

재능이 매우 뛰어난 인물이었던 것이다. 또 갈릴레오라고 하면 기독교, 정확히는 구교에 대항한 인물로 알려져 있는데, 사실은 그렇지 않다. 그는 평생 경건한 가톨릭 신자였다. 종교 재판 이전에 그의 연구 실적은 유럽에서 화제가 되었고, 그는 시대의 총아가 되어 사교계의 귀족이나 로마 교황청의 중진들과 친구가 되었다.

돋보이기를 좋아했던 그의 커다란 업적 중 하나는 망원경을 만들어서 달을 관찰해 달 표면의 크레이터를 발견한 것이다. 그리고 목성에 위성이 있다는 사실도 발견했으며, 그가 발견한 위성을 갈릴레이 위성이라고 부른다. 그런데 이 위성을 발견했을 때 그는 '메디치의 별'이라는 이름을 붙였다. 왜 그랬을까?

메디치 가문은 피렌체를 지배한 명문가로, 르네상스기의 파트론(예술가의 후원자)으로 유명하다. 당시 갈릴레오가 태어난 토스카나 지방은 메디치 가문이 다스리고 있었고 갈릴레오는 그것을 염두에 두고 별에 고향의 최고 권력자의 이름을 붙인 것이다. 그 덕분인지 그는 궁정 철학자의 칭호를 얻었다.

요즘으로 치면 세계적인 대기업을 크게 홍보한 덕분에 연구소 소장이 되는 것과 비슷하다. 그만큼 갈릴레오는 권력과 가까웠다.

갈릴레오는 참으로 영리한 사람이었기 때문에 순식간에 출세 가도를 달렸다. 당연한 말이지만 반(反)종교 행위를 한 적은 한 번도 없었다. 애초에 당시의 상황은 요즘 사람들이 생각하는 '과학'의 이미지와는 거리가 멀었다. 현대인이 생각하는 과학이라는 개념은 18세기 프랑스 혁명 전야에 나온 것이며, 그보다 이전의 과학은 철학의 한 분야에 불과했다.

유럽의 학문에서 신학과 철학은 매우 중요하다. 그 철학의 일환으로 자연 철학이 있었고, 그것이 바로 현대 사람들이 생각하는 과학이다. 이 자연 철학의 목적은 갈릴레오가 파트론의 부인에게 보내는 편지에 쓴 "자연계라는 것은 하나님의 말씀이며, 자연 법칙은 하나님께서 쓰신 것입니다. 그리고 하나님께서 만드신 세계의 비밀을 푸는 것이 저의 임무입니다"라는 말로 집약할 수 있다.

그렇다면 갈릴레오는 왜 종교 재판에 회부되었을까? 그 직접적인 이유는 『천문학 대화』(원제목은 프톨레마이오스-코페르니쿠스 2개의 주요 체계에 대한 대화'이다)를 출판해 지동설을 제창했기 때문이다. 다만 갈릴레오는 신을 모독하지도, 신을 부정하지도 않았다. 당시는 무신론을 주장했다가는 당장 사형을 당하는 시대였다.

 ## 갈릴레오 재판의 진실

갈릴레오의 재판은 두 차례에 걸쳐 열렸다. 일어난 순서로 따지면 나중 얘기지만, 먼저 제2차 재판부터 살펴보자. 제2차 재판에서 유죄 선고를 받은 갈릴레오는 코페르니쿠스설(지동설)에 관해 더 이상 이야기해서는 안 된다며 연금을 당했다. 그러나 사실은 말이 연금이지 갈릴레오의 친구인 귀족의 집에 맡겨졌을 뿐이었다. 형식적으로 그렇게 벌을 줄 필요가 있었던 것이다.

그 이유는 무엇일까? 코페르니쿠스설을 유포한 것도 한 가지 이유였지만, 진짜 이유는 신성 로마 제국과 로마 교황의 다툼에 있었다. 당시 신성 로마 제국의 지부이자 갈릴레오의 파트론인 토스카나 대공국과 로마 교황청은 미묘한 관계에 있었다. 그런 정치 상황 속에서 늙은 갈릴레오를 본보기로 재판에 회부한 것이다.

갈릴레오 본인은 교황이 자신의 친구였기 때문에 상황이 안 좋게 돌아가면 교황이 자신을 도와줄 것이라고 생각했지만, 이 것은 안이한 판단이었다. 다만 친구였던 교황이 도와주지 않았다고는 해도 갈릴레오는 재판 결과 사형에 처해지지 않고 귀족 친구의 집에 맡겨졌으며 그후에는 자신의 별장으로 돌아가는 것도 허락되었다.

떠들썩했던 재판 치고는 지나치게 솜방망이 처벌이었던 셈이다. 말하자면 이것은 토스카나 대공국에 대한 시위에 불과했으며, 여기에는 현대인이 생각하는 것 같은 종교와 과학의 싸움은 없었다.

과학과 종교의 대립은 존재하지 않았다

제2차 재판에서 유죄를 선고받은 결정타는 "코페르니쿠스설에 관해 다시는 이야기하지 않겠다"라는 제1차 재판의 서약을 위반했기 때문이었다. 그 서약서는 현재도 로마 교황청에 남아 있다. 다만 기묘한 점은 그 서약서에 갈릴레오의 서명이 없다는 사실이다.

여기에는 여러 가지 설이 있는데, "애초에 제1차 재판은 존재조차 하지 않았다"라고 주장하는 연구자도 있다. 제2차 재판 때는 이미 많은 관계자가 죽은 상태였기 때문에 위조했다는 설이다. 또한 "형식적으로는 제1차 재판이 있었지만 갈릴레오의 서명을 요구하지는 않았다"라는 설도 있다. 즉 고소한 쪽을 이해시키기 위해 '갈릴레오가 서약서에 서명한' 것으로 꾸몄다는 설이다. 제1차 재판의 재판장은 갈릴레오의 친구인 로베르토 벨라르미노(Roberto Bellarmino, 1542~1621) 추기경이었다. 따라서 갈릴레오에게 "어떤 교회 관계자가 자네를 질시해 이단 심문소에 고소했네. 나는 이단 심문소의 소장이니까 고소장을 수리할 수밖에 없지만, 서약서에 서명한 것으로 적당히 처리하지"라고 말하고 자신이 적당히 처리했을 가능성도 있다는 얘기다.

갈릴레오는 세상 물정에 밝은 사람이었기 때문에 반대파의 위협을 인식하고 있었다. 그래서 이단 심문소 소장인 벨라르미노 추기경에게 "갈릴레오는 아무런 죄도 없다"라고 확인하는 각서를 써달라고 부탁하고 그것을 보관해놓았다. 그러나 벨라르미노 추기경의 각서를 제2차 재판의 증거로 제출했음에도 재판정은 그 각서를 증거로 채택하지 않고 대신 갈릴레오의 서명이 없는 제1차 재판의 서약서를 증거로 채택했다. 이것을 보면 제2차 재판은 애초부터 형식적이기는 해도 갈릴레오를 벌주기로 결정한 상태에서 시작된 듯하다.

제1차 재판 뒤, 코페르니쿠스(Nicolaus Copernicus, 1473~1543)의 『천구의 회전에 관해』라는 책은 금서 목록에 포함되었다. 하지만 이것도 사실은 단정적으로 썼던 부분을 '그럴 가능성이 있다'는 내용으로 살짝 수정하자 다시 출판이 허용되었다. 당시의 교회가 지동설을 봉쇄하기 위해 수단과 방법을 가리지 않았다는 이야기는 전혀 사실이 아니라는 말이다. 즉, 후세 사람들이 말하는 '과학적인 진리' 대 '완고하고 무식한 종교'라는 구도는 애초에 존재조차 하지 않았다.

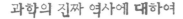

과학의 진짜 역사에 대하여

갈릴레오의 일화는 한마디로 권력과 가까웠던 과학자가 만년에 정치적 분쟁에 휘말린 것이다. 이 시점에서 우리가 오히려 무서워해야 하는 점은 로마 교회가 아니라 우리가 진실과는 다른 과학사를 배웠다는 사실이 아닐까? 위인전에 그런 내용이 나오는 이유는 18세기 이후의 프랑스 계몽주의, 그리고 프랑스 혁명과 관계가 있다. 프랑스 혁명은 가톨릭 신앙이나 절대 왕정 같은 낡은 체제를 버리고 전부 새로운 것으로 바꿀 것을 주장하며 과학을 믿고 인류를 발전시키려는 진보주의를 낳았다. 진보주의는 지금까지 계속되고 있듯이 인류를 중시하는 사상이다. 그런 관점에서 과거를 되돌아봤더니 과거에도 종교와 싸운 것으로 보이는 과학자가 있었던 것이다.

그들도 지금 많은 사람들이 알고 있는, 과학을 위해 종교와 맞선 사람들이 된 것이다. 그러나 다시 한 번 말하지만 18세기 이전에는 현대적인 의미의 과학이라는 개념은 없었다.

과학사 전문가는 그 수가 매우 적으며, 대학의 이학부나 공학부에서도 과학사는 필수가 아니다. 이 때문에 과학자와 엔지니어가 자기 분야의 진짜 역사에 대해 정확히 모르는 경우가 많이 있다. 과학자가 자기 분야 역사를 모른다는 것, 그것이야말로 진짜 무서운 이야기 아닐까?

하늘에서 쇠막대기가 떨어진다

미국이 개발하고 있는 신무기

인터넷 게시판에서 미군이 개발하고 있는 '신의 지팡이'라는 우주 병기가 화제가 되었다. 그 정보의 출처는 '차이나넷(中国網)'인데, 이것은 중화인민공화국 국무원 직속의 중국외문출판발행 사무국이 관리, 운영하는 뉴스 사이트라고 한다. 그 사이트에 들어가보니 분명히 '신의 지팡이'에 관한 뉴스가 있었다(차이나넷 일본어판 2012년 2월 29일). 정리하면 이런 내용이다.

미국이 개발하고 있는 '신의 지팡이'는 고도 1,000킬로미터의 우주 공간에 떠 있는 발사대에서 지름 30센티미터, 길이 약 6미

터, 무게 100킬로그램의 금속 막대를 지상에 '떨어트리는' 계획
이다. 금속 막대에는 소형 추진 로켓이 탑재되며, 재질은 티타
늄 혹은 열화우라늄이다. 위성의 유도로 지구상의 어디라도 노
릴 수 있다.

막대의 낙하 속도는 시속 1만 킬로미터가 넘기 때문에 그 파괴
력은 핵무기에 버금간다. 또 폭탄이 아니라 '막대'이기 때문에
땅속 깊은 곳까지 파고들어 지하 수백 미터에 있는 군사 시설도
파괴할 수 있다. 명중률도 높고 미사일처럼 요격하기도 어려우
며 전파를 내지도 않기 때문에 사실상 방어가 불가능할 것으로
예상된다.

지금까지 하늘에서 내려오는 무기로는 고작해야 미사일이나
레이저 무기 정도를 상상할 수 있었는데, 지구상의 어디라도 지
하 수백 미터 깊이까지 파괴할 수 있다면 신의 지팡이보다는 '악
마의 지팡이'라는 이름이 더 어울릴지도 모르겠다.

신의 지팡이의 아이디어는 SF 작가인 제리 퍼넬(Jerry Pournelle)
이 보잉사에서 일하던 1950년대에 생각해냈다고 알려져 있다.
그리고 2003년에 미 공군의 보고서에 자세한 스펙이 실리며 현
실성을 띠기 시작했다. 어쩌면 실용 단계에 들어선 것을 감지한
중국이 선수를 쳐서 보도한 것일 수도 있지만, 현실적으로 생각

하면 이것은 어디까지나 SF 수준의 아이디어일 뿐이며 중국의 정보 교란 작전일 가능성도 부정할 수 없다.

트위터에 올린 글 때문에 강제 송환된 사건

2012년 초, 미국에 관한 트윗을 트위터에 올렸던 영국인 커플이 미국에 입국하지 못하고 강제 송환되는 사건이 있었다. 문제의 트윗은 직역하면 "미국을 파괴하겠어"였는데, 여기에서 '파괴 (destroy)'라는 단어는 영국 젊은이들 사이에서 '신나게 논다'라는 의미로 통하는 은어라고 한다. 이것을 문자 그대로 받아들인 미국 당국이 신경질적인 반응을 보이며 평범한 여행자를 취조하고 입국을 거부한 것이 이 사건의 진상인 모양이다.

그런데 이 이야기를 단순한 해프닝으로 치부하고 끝내기에는 묘한 의문점이 남는다. '미국 당국이 어떻게 지극히 평범한 일개 영국 시민의 트윗 내용을 알고 있었을까?'라는 것이다.

에셜론이라는 지구 규모의 인터넷 감청망이 존재하며 이것을 미국과 일부 동맹국(영국이나 오스트레일리아)이 공동으로 운용하고 있다는 이야기가 있다. 누구나 알고 있는 이야기지만, 그런 감시망이 정말로 존재하는지 공식적인 정보는 전혀 없다. 영국의 한 젊은이가 들뜬 기분으로 올린 트윗을 미국 당국이 에셜론으로 수집해 공항에서 체포한 것일까? 아니면 다른 방법으로 그를 '테러리스트일 가능성이 있는 인물'로 지목한 것일까?

우리의 일상 대화가 어느 군사 조직에 의해 도청당하고 있고 하늘에서는 항상 '신의 지팡이'가 우리의 머리 위를 노리고 있다면 이것은 단순히 무서운 차원의 이야기가 아니다. 게다가 더 무서운 사실은 그 진상을 알 방법조차 없다는 것이다.

물질과 반물질의 충돌을 이용한 폭탄

차원이 다른 위력의 반물질 폭탄

댄 브라운(Dan Brown)이 써서 대히트를 친 『천사와 악마』(2000년) 라는 소설이 있다. 이 작품에는 반물질 폭탄이라는 것이 나온다. '반물질'은 물질과 전하가 반대인 것이다. 가령 전자는 전하가 마이너스다. 그리고 플러스 전하를 가진 전자를 양전자라고 한다. 반전자라고 하면 의미를 이해하기가 좀 더 쉬울지도 모르겠다. 이와 마찬가지로 양성자의 반대는 반양성자라고 한다.

물질과 반물질은 부딪히면 양쪽 모두 사라진다. 이때 대부분 빛이 되지만 나머지는 에너지가 되어 폭발하는데, 이 성질을 이용해 폭탄을 만들 수 있다. 가령 내가 반물질 덩어리를 가지고 있다고 가정하자. 이것을 진공 상태의 유리 상자에 넣어 격리시켜놓았다가 그 유리를 깨면 물질이 반응해 폭발한다. 폭탄의 위력은 무게에 비례한다. 'E=mc²'이라는 식에서 보듯이 에너지는 '질량×c의 제곱'이므로 질량에 비례한다. 'c'는 광속이니까 킬로미터로 나타내면 초속 30만 킬로미터가 된다. 미터로 나타내면 초속 3억 미터다. 이것을 제곱하므로 그 계수는 엄청나게 크며, 그 결과 차원이 다른 에너지가 나온다.

이미 이야기했지만 핵융합이나 핵분열도 'E=mc²'을 사용한다. 핵융합이나 핵분열 전후에 질량이 감소하므로 그만큼이 에너지로 방출된다. 이 경우는 모든 질량이 사라지는 것이 아니라 극히 일부만 사라진다. 그러나 반물질의 경우는 물질이 충돌하면 질량이 전부 사라지므로 엄청난 에너지가 된다. 플러스와 마이너스를 더하면 제로가 되지 않는가? 이와 마찬가지로 입자와 반입자가 부딪히면 질량이 제로가 된다. 그러나 단순히 제로가 되는 것이 아니라 전부 에너지로 전환된다.

『천사와 악마』에서처럼 반물질을 폭탄으로 이용하는 것은 아마도 가능할 것이다. 그러나 이를 위해서는 대규모 국제 협력 또는 국가 프로젝트로 반물질을 만들어내야 한다. 그렇다면 가장 가능성이 높은 시나리오는 테러리스트가 대형 연구소에서 반물질을 '훔치는' 것이 아닐까? 그러므로 반물질은 방사성 물질보다 더 엄중하게 관리해야 할 것이다.

혈액형 성격론의 허구

비과학적 미신 믿는 사회

혈액형으로 점을 칠 수 있다거나 성격을 판단할 수 있다고 믿는 사람이 많을 것이다. 한국과 일본, 타이완에서는 혈액형 성격론을 당연하다는 듯이 믿지만, 미국이나 유럽에서는 그런 이야기를 하는 사람이 거의 없다. 혈액형 성격론의 과학적 근거는 거의 없다고 단정할 수 있다. 혈액형을 결정하는 것은 표면 단백질이다. 이른바 ABO형 혈액형을 발견한 오스트리아의 카를 란트슈타이너(Karl Landsteiner, 1868~1943) 박사는 1930년 노벨 생리학·의학상을 받았다.

이렇듯 혈액형은 엄연한 과학인데, 적혈구 표면의 단백질이 성격에 영향을 끼치는 뇌의 '배선'과 무슨 상관이 있다는 것인지 조금 이해하기 어렵다. 과학적인 근거는 없다는 전제에서 놀이의 개념으로 사용한다면 아무런 문제가 없지만, 이것이 사회적 차별로 연결된다면 참으로 무서운 일이며 그런 일은 절대 있어서는 안 된다.

어떤 회사에서는 입사할 때 혈액형을 묻는다고 한다. B형이면 '협조성이 없다'는 이유로 채용하지 않을 때도 있다던가……(웃음). 아니, 이것은 그냥 웃고 넘어갈 문제가 아니다. 비과학적인 미신이 사회적 차별에 이용되고 있다면 정말로 무서운 일이다. 많은 사람의 운명을 바꿔버릴지도 모르는 문제가 아닌가?

하지만 혈액형 성격론을 믿는 사람이 많아서 "혈액형이 성격을 결정하지는 않아"라고 말해도 "내 경험으로는 잘 맞던데?"라는 대답이 자주 돌아온다. 그러나 이것은 그렇게 생각하기 때문에 혈액형 성격론과 일치하는 예만 기억에 남는 것이라고 본다. 요컨대 텔레비전의 아침 프로그램에서 방송하는 '오늘의 운세'나 '게자리인 당신은 ○○'과 마찬가지로 점성술의 일종이다.

케플러의 법칙으로 유명한 독일의 천문학자 요하네스 케플러(Johannes Kepler, 1571~1630)는 예언 달력을 팔아 생계를 유지했다. 이것은 말하자면 오늘의 운세다. 지금도 태어난 월일에 따라 '운세'가 결정된다는 책이 베스트셀러가 되곤 하는데, 이런 상황은 케플러의 시대 이래 전혀 달라지지 않은 것이다. 16세기나 17세기에는 과학과 점성술, 연금술이 혼연일체가 되어 있었기 때문에 자연 철학자나 점성술사가 천문학 연구도 같이 했다. 그러나 현대 사회에서도 이와 같은 일이 일어나고 있다는 것은 조금 문제라고 생각한다.

'과학은 반드시 옳다'는 생각도 경계해야

현대 사회에서는 과학적 근거가 없는 혈액형 성격론이나 별점이 텔레비전에서 방송되고 있다. 그러나 그렇다고 해서 과학자가 '비과학적이니 방송하지 말라'고 지적할 수는 없다. 그런 판단은 의외로 어려운 문제다. 자칫하면 과학 지상주의가 될 수도 있기 때문이다. 종교 지상주의도 무섭지만 과학 지상주의 역시 무섭다. 학계의 허가가 있어야 방송할 수 있다거나 잡지에 쓸 수 있게 된다면 그것은 지나친 검열이 되어버린다.

지금도 일부 국가에서는 강력한 종교 지도자가 있으며 텔레비전이나 신문이 당연하다는 듯이 검열을 받고 있다. 또 정부가 언론을 통제하는 나라도 있다. 그러나 자유주의, 민주주의의 관점에서 볼 때 그런 검열은 명백히 건전하지 못하다. 그래서 나는 텔레비전에서 혈액형으로 성격을 판단하는 것은 상관이 없다고 생각한다. 다만 "과학적 근거는 없습니다"라는 설명은 달아줬으면 좋겠다.

표현의 자유는 과학적인 올바름과 양립하지 못할 때가 있다. 설령 과학적으로 올바르지 않다고 해도 표현의 자유는 있다. 안 그러면 정말 무서운 사회가 된다. 과학적으로 옳다는 것은 그 시대의, 그 나라의 과학자들이 옳다고 생각하는 진실에 불과하기 때문이다. 가령 뉴턴의 시대에는 뉴턴 방정식으로 모든 것을 예언할 수 있다고 생각했다. 그러나 뉴턴 이후에 양자 역학이 발견되자 자연계에는 뉴턴 역학의 계산으로는 설명할 수 없는 부분

(불확정성이라는 도저히 알 수 없는 한계)이 있음을 알게 되었다. 또 이 책에도 나왔지만 과학이 로보토미의 비극을 낳기도 했다. 그러므로 과학을 맹신해서는 안 된다. 그리고 비과학적인 믿음으로 인간이 불행해지는 일도 막아야 한다. 또 동시에 그런 이야기를 자유롭게 할 수 있는 표현의 자유도 중요하다.

과학이 지닌 본질적인 두려움은 '과학적으로 올바른' 것만이 절대 기준이 되는 것이다. 모든 것을 과학이 결정하게 된다면 그것은 그것대로 무서운 일이다.

믿으면 무서운 사이비 과학

과학적인 것처럼 들리는 말을 의심하라

세상에는 과학 용어가 전혀 다른 용도로 사용되는 경우가 있다. 그중 하나가 파동이다. 여러분도 "파동이 몸을 건강하게 한다"라는 이야기를 종종 들어봤을 것이다. 그런데 그런 말을 하는 사람에게 "파동이 뭡니까?"라고 물으면 대부분은 제대로 대답하지 못한다.

과학적으로 파동은 단순한 물결 현상이다. 바다의 물결, 공기의 진동, 혹은 전자파 등이 전부 파동이다. 하지만 이 파동과 시중에 나도는 "파동 에너지가 몸을 건강하게 한다"라는 이야기는 전혀 상관이 없다.

양자 역학에도 파동이 등장한다. 모든 물체는 양자로 구성되어 있다. 양자는 파동이기도 하고 입자이기도 하다. 그러나 이것이 인간의 건강과 관계가 있다는 이야기는 양자 역학 분야에서도 전혀 없다. 다만 일반인은 '파동'이라는 말에서 왠지 과학적이라는 느낌을 받기 때문에 그런 이야기를 믿기 쉽다.

과학은 용어를 정확하고 엄밀하게 사용한다. 파동은 반드시 에너지를 가지지만 그 에너지가 인체와 관계가 있다는 데이터는 없다.

프리 에너지도 마찬가지다. 무한정으로 추출할 수 있는 에너지가 있다고 주장하는 사람들이 있다. 프리 에너지의 '프리'는 '자유'라는 의미이므로 자유 에너지와 똑같은 것이 아닌가 생각할 수도 있는데, 전혀 다르다. 자유 에너지는 엄연한 물리·화학 용어다. 화학에서는 여러 종류의 자유 에너지가 있다. 압력이나 온도 같은 조건이 결정되면 그 틀 안에서 자유롭게 일에 사용할 수 있는 에너지가 결정된다. 이것이 과학에서 말하는 자유 에너지다. 어디에서인가 에너지가 무한정 솟아나는 것이 아니다.

진공 에너지라는 것이 있다. 진공은 아무 것도 없는 상태가 아니다. 물리학적으로는 소립자가 순간적으로 탄생하기도 하고 사라지기도 한다. 이것을 생성과 소멸이라고 한다. 진공 에너지를 다른 용어로는 영점 에너지라고 한다. 본래는 전혀 에너지가 없어야 할, 에너지의 최저 상태인데 그곳에 무엇인가가 존재한다. 문제는 그 영점 에너지(진공 에너지)를 추출해 사용할 수는 없다는 점이다. 여기에 성공한 과학자는 아직 없다. 물리학자 중에는 언젠가 이 진공 에너지를 사용할 수 있게 되리라고 말하는 사람도 있지만, 이것은 어디까지나 가설에 불과하다.

"프리 에너지이므로 에너지를 무한정 추출할 수 있다"라고 말하는 사람들은 그런 단순한 가설을 이용해 돈을 벌려는 속셈을 가지고 있는 것인지도 모른다. 여러분은 그런 이야기에 현혹되지 말기 바란다.

과학과 관계가 없는 것들

우주 전체를 팽창시키고 있는 에너지가 있는데, 이것을 암흑 에너지라고 부른다. 이것도 진공 에너지다. 진공 차제에 있는 에너지로 인해 공기가 팽창한다. 아인슈타인이 발견했지만 역시 정체불명이어서 아무도 추출에 성공하지 못했다. 우주를 팽창시키고 있으므로 상당한 위력을 지닌 에너지로 생각되지만 정체도 확실하지 않고 검출도 할 수 없다. 그러므로 에너지를 추출해 사용하기는 불가능하다. 이런 막연한 이미지의 총칭으로 프리 에너지라는 말이 사용되고 있는 것이 아닐까 싶다.

일반 사람들은 '교과서에 나와 있는 과학 이야기는 극히 일부이니까 우리가 모르는 사실이 많겠지'라고 생각한다. 그 결과 과학과 유사 과학을 잘 구별하지 못한다. 또한 "그것은 과학이 아닙니다"라고 말해주는 책이 드물며 설령 그런 책이 나와도 사람들이 잘 읽지 않는다는 점도 문제다. 프리 에너지나 파동을 이용해 뭔가를 얻을 수 있다는 내용의 책이 확실히 더 잘 팔린다.

나는 그런 책을 쓰는 사람이 있어도 괜찮다고 생각한다. 남을 속이는 것은 좋지 않지만, "파동이 몸을 건강하게 한다"라는 말을 듣고 기분이 좋아지는 사람이 있다면 딱히 근절할 필요는 없다고 생각한다. 다만 그 책으로 많은 돈을 번다면 그것은 엄연한 사기이므로 법률로 단속해야 한다. 또 책을 쓸 뿐이라고 해도 "이것은 과학과는 상관이 없다"는 사실만큼은 분명히 밝혀야 한다.

이 책의 교정지를 읽은 아내가 내게 "무서운 것도 있지만 별로 안 무서운 것도 있던데요"라고 감상을 말했다. 분명히 '공포'는 주관적인 것이다. 아내의 경우는 '반신 마비가 된 중국 여성의 뇌에서 23센티미터나 되는 기생충이 발견되었다'라는 뉴스가 무서웠던 모양이다. 기생충(선충)은 자신이 살기 좋도록 주위를 육종으로 만들어버린다. 요컨대 '침실'을 만드는 것이다.

또 트위터에서 무서운 과학의 예를 모집했더니 '자신의 클론(복제품)에게 인체 실험', 'iPS 세포(일본에서 최근 획기적인 발견으로 평가받았던 '유도만능줄기세포'-옮긴이)의 연구', '유전자 조작', '이 우주가 누군가의 창작물일 가능성', '과학자가 신이 될 수 있다고 생각하는 것', '뇌를 조작하는 연구', '의식의 시각화', '중성자 폭탄', '원격 조종 무인 전투기' 등의 트윗이 올라왔다. 역시 공포에도 다양한 종류가 있는 듯하다. 이런 의견을 보내주신 팔로워 여러분에게 이 자리를 빌려 감사의 말을 전한다.

나는 학교에서 생물 시간에 하는 해부가 무서웠는데, 어떤 생물학자는 그것만큼 '아름다운' 광경은 없다고 한다. 인간의 시신을 플라스틱화해 전시하는 것(이것을 미술이라고 해야 할지 의학이라고 해야 할지……)도 생각하기에 따라서는 무섭다고 할 수 있다.

내 친구 중에 생물학자가 있는데, 그는 동물 뇌의 어떤 부분이 반응하는지 알기 위해 그 동물을 죽여서 뇌를 얇게 저며 현미경으로 관찰한다. 나는 그 행위가 끔찍해서 견딜 수가 없다.

그 친구와 술을 마시다가 정신을 차려보니 몸이 묶여 있고, 친구가 내 두개골을 자르면서 "자네의 뇌를 예쁘게 저며줄게"라고 말한다면…….

아니, 이건 망상이 지나쳤다.

이 책을 쓰면서 나 역시 과학의 무서운 측면을 깨달은 느낌이다. 그리고 동시에 '더 무서운 과학이 있지 않을까?'라는, 이번 책에 만족하지 못하는 아쉬움이 있는 것도 사실이다.

마지막으로, 이 책의 기획부터 출판에 이르기까지 많은 도움을 주신 PHP 에디터즈 그룹의 다바타 히로후미(田端博文) 씨에게 감사의 말을 전하고 싶다. 그리고 이 책을 끝까지 읽어주신 독자 여러분에게도 진심으로 감사의 인사를 하고 싶다.

다케우치 가오루

독자 여러분에게 '무서운' 과학책을 엄선해 소개한다.

■ 『어린 시절의 추억은 진짜일까?(子どもの頃の思い出は本物か)』, 칼 사바(Karl Sabbagh) 씀, 오치 게이타(越智啓太). 아메미야 유리(雨宮有里), 단도 가쓰야(丹藤克也) 옮김, 화학동인(化学同人)

■ 『도해 사형 전서(図説死刑全書)』, 마르탱 모네스티에(Martin Monestier) 씀, 요시다 하루미(吉田春美). 오쓰카 히로코(大塚 宏子) 옮김, 하라서방(原書房)

■ 『H5N1-강독성 신형 인플루엔자 바이러스의 일본 상륙 시나리오 (H5N1—強毒性新型インフルエンザウイルス日本上陸のシナリオ)』, 오카다 하루에(岡田晴恵) 씀, 다이아몬드사(ダイヤモンド社)

■ 『컬러 사진으로 이해하는 블랙홀 우주(カラー図解でわかるブラック ホール宇宙)』, 후쿠에 준(福江純) 씀, 사이언스아이 신서(サイエンス・アイ新 書)

■ 『멀티 유니버스: 우리의 우주는 유일한가?』, 브라이언 그린(Brian Greene) 씀, 박병철 옮김, 김영사

■ 『물리학자 란다우(物理学者ランダウ)』, 사사키 지카라(佐々木力), 야마모토 요시타카(山本義隆). 구와타 다카시(桑野隆) 옮김, 미스즈서방(みす ず書房)

무섭지만 재밌어서 밤새 읽는 과학 이야기

1판 1쇄 발행 2014년 4월 1일
1판 12쇄 발행 2024년 8월 30일

지은이 다케우치 가오루
옮긴이 김정환
감수자 정성헌

발행인 김기중
주간 신선영
편집 백수연, 정진숙
마케팅 김신정, 김보미
경영지원 홍운선
펴낸곳 도서출판 더숲
주소 서울시 마포구 동교로 43-1 (04018)
전화 02-3141-8301
팩스 02-3141-8303
이메일 info@theforestbook.co.kr

출판신고 2009년 3월 30일 제2009-000062호

ISBN 978-89-94418-71-1 03400

※ 이 책은 도서출판 더숲이 저작권자와의 계약에 따라 발행한 것이므로
   본사의 서면 허락 없이는 어떠한 형태나 수단으로도 이 책의 내용을 이용하지 못합니다.
※ 잘못된 책은 구입하신 곳에서 바꾸어 드립니다.
※ 책값은 뒤표지에 있습니다.
※ 여러분의 원고를 기다리고 있습니다. 출판하고 싶은 원고가 있는 분은
   info@theforestbook.co.kr로 기획 의도와 간단한 개요를 연락처와 함께 보내주시기 바랍니다.